德育读本

礼义篇 · 廉耻篇 · 孝悌篇 · **忠信篇**

绘图珍藏本

HUITU ZHENCANG BEN

德育读本

忠信

二十一世纪出版社
21st Century Publishing House
全国百佳出版社

图书在版编目（CIP）数据

德育课本. 忠信篇 / 蔡振绅编著 ; 深蓝整理. --
南昌 : 二十一世纪出版社, 2013.10（2022.4重印）
ISBN 978-7-5391-9066-2

Ⅰ. ①德… Ⅱ. ①蔡… ②深… Ⅲ. ①道德修养 - 中
国 - 民国 Ⅳ. ①B825

中国版本图书馆CIP数据核字(2013)第224417号

德育读本 · 忠信篇 **蔡振绅** / 编著 **深 蓝** / 整理

策　　划 张 明
责任编辑 敖登格日乐
出版发行 二十一世纪出版社
（江西省南昌市子安路75号　330009）
www.21cccc.com　cc21@163.net
出 版 人 张秋林
经　　销 全国新华书店
印　　刷 三河市兴国印务有限公司
版　　次 2018年4月第1版　2022年4月第2次印刷
开　　本 720mm × 1020mm　1/16
印　　张 15.25
字　　数 160千
书　　号 ISBN 978-7-5391-9066-2
定　　价 39.80元

赣版权登字—04—2013—718
如发现印装质量问题，请寄本社图书发行公司调换 0791-6524997

感动于轻松读史中

这套主要面向青少年的读本荟萃了约六百则讲述前辈圣贤品德言行的历史小故事，目的是通过阅读或倾听这些生动真实、通俗易懂、富于教益的故事，教给读者简单实在的做人道理，培养读者高尚的思想道德情操。

道德教育无论在哪个时代、哪个国家都是备受重视的。早在《尚书》里古人就讲“德惟善政”，道德是治理国家和教化人民的基石。中国两三千年的儒学占主导地位的历史都讲教化、德教，讲修身养性、立身处世、安身立命，这些全都是德育的内容。德国康德在《实践理性批判》中写道：“有两件事我愈思考，愈觉神奇，心中也愈充满敬畏，一是我头顶上的这方星空，一是人们心中的道德准则。”道德在西方一直就是这样极受推崇。中国现代以来，特别强调德育。建国后，我们长期倡导青少年要“德、智、体全面发展”，后来又加上了一个“美育”，讲“德、智、体、美全面发展”，始终都把道德的教育与培养放在首位。改革开放以来，我们在全社会倡导“五讲四美三热爱”，把“讲道德”和“心灵美”作为重要的内容。邓小平要求社会主义新人应该是“有理想有道德有文化有纪律”的“四有”人才；江泽民讲“以德治国”；胡锦涛提出以“八荣八耻”为主要内容的社会主义荣辱观，都是在强调道德教育、教化巨大而重要的社会功能。

我们编辑整理的这套书，从根本上说，是一套道德教育读本，是一套中华传统美德教育读本。这个读本最显著的特点或称优点是：所有的道德说教或教诲都寓含于一个个的历史小故事之中。而这些故事的主人公基本上是古代的圣贤、英雄或做人的楷模。故事简单有趣，读来毫不费劲，但在阅读过程中却能潜移默化地受到前人高尚言行的熏染和影响。孔子说：见贤思齐，意思是，见到比自己贤能、优秀的人就想向他们看齐。青少年读者在读到这些中国古代优秀人士的事迹后，就会产生向他们看齐、向他们学习的愿望，也就能在轻松的阅读中逐渐培养起自身良好的道德情操和精神修养。

这套书原题《八德须知》，他的主要编辑者是民国时期浙江湖州的蔡振绅先生。他的父亲蔡丕著晚年得子，遂辞去官职，解甲归田，亲自教育儿子。在蔡振绅四岁时就教他读《孝经》，每天夜里都给他讲授一则古人的嘉言懿行，故事的题目都是四个字的，如《虞舜耕田》《木兰从军》。一年之中，只有除夕和元旦这两天停讲。父亲这样娓娓讲述先圣前贤的故事持续了多年，给蔡振绅留下了终生难忘的印象。他后来常常回忆起父亲在他童年时讲的这些故事，感慨良多，受益无尽，于是就想根据记忆将这些故事记录整理出来，用以启蒙、教育后来者。因此，当他读到福建黄继谷先生依照古本《二十四孝》故事的体例编撰而成的《八德须知》一书时，感触良多，又怀想起父亲当年对自己的夜夜教诲，便开始着手将童年受教于父亲的故事内容，仿照相似的体例进行分类编辑整理，内容不足的就参照各种史书和历史传记的记载予以增补。为了适应童幼少年的接受习惯，每则故事都只有八十个字左右，并且全都配上由周顺章等人根据故事内容所作的插图，同时附上四句四个字的题诗，题诗是对故事内容的简单概括和归纳，便于孩子背诵或记忆。每则故事的题目前两字都是人物名，后两字则介绍他的事迹或史实。

蔡振绅编撰的这套书的内容都是依据史传、史书而来，因此书名原拟称作《历史八德言行录》，因为黄继谷《八德须知》已有相当影响，便沿用了这一名称。最难得和可贵的是，本书所有故事都是确有其人其事，都是以史为据、有案可查的。真实的力量、榜样的力量是无穷的。这套书本意就是要通过叙述前人的这些嘉美良善的言行，为后世读者树立一个道德的标杆和效法的楷模。

自古以来，中华民族就有讲求孝悌、忠信、礼义、廉耻的美好传统。在文明进化到今天的现代社会，是非、善恶、美丑的界限绝对不能混淆，要在全社会大力倡导基本道德规范，促进良好社会风气的形成和发展。社会主义荣辱观所概括的“八荣八耻”正是我国道德规范的基本内容，也是社会核心价值体系的基本内容。社会主义荣辱观特别强调要“知耻”，即知道怎样去做才是光荣的而怎样做就是可耻的。其中，“以热爱祖国为荣、以危害祖国为耻，以服务人民为荣、以背离人民为耻”，分别讲爱国、为民，这实际上相当于古人所谓的“忠”，即忠于国家和人民；“以诚实守信为荣、以见利忘义为耻”讲诚信，就是古人所谓的“信”，“守信”和有“信义”；“以遵纪守法为荣、以违法乱纪为耻”讲守法，就是古人所谓的“礼”，知礼自然不会违法乱纪；“以艰苦奋斗为荣、以骄奢淫逸为耻”讲勤俭、艰苦朴素，相当于古人所谓的“廉”，应“清正廉洁”；“以崇尚科学为荣、以愚昧无知为耻”，“以辛勤劳动为荣、以好逸恶劳为耻”，“以团结互助为荣、以损人利己为耻”，分别讲科学、勤劳和协作，相当于古人所谓的“忠义”、“孝悌”。可见，“八荣八耻”与古人所谓的“八德”之间是血脉相通、一脉相承的。因此，我们这套依据《八德须知》改编的读本非常适合作为社会主义荣辱观教育的辅助读物，对帮助读者深入了解和深刻把握社会主义基本道德规范和核心价值体系大有助益。

当年蔡振绅编完《八德须知》，“同人闻之而色喜兮，共乐踊跃以输捐，计二集之书三万有奇兮”。许多的朋友同好纷纷捐钱来帮助刊印这套书。书大约在1932年前后陆续编辑出版。出版后不到两年，就遇到日本侵略者进攻上海的闸北，闸北的房舍十有八九都被炮火摧毁。这套书当时正在闸北的印刷厂里制作，侥幸逃过了战火，存留了下来。后来，《八德须知》在全国公开发行，大受各界读者欢迎。遗憾的是，建国后这套书就罕见踪影。此次我们从国家图书馆善本室的“故纸堆”里发现这套书，重新进行整理修订，基本保留了文言原文和插图及题诗，删去了一些明显带有封建迷信的内容，并约请熟悉文言文和古代历史的朋友，根据现代汉语规范重新进行白话文翻译，力求文字简洁生动，适合青少年读者的阅读习惯。同时沿袭这套书原来的编排体例，根据故事内容主题划分为孝悌、忠信、礼义、廉耻四卷，并在每本书前分别附有序言，以帮助读者更好地理解该书的深刻蕴涵。

这几年，全社会都在探讨做人的道德底线的问题，社会舆论也愈来愈担忧青少年的道德滑坡、品格沦丧，在这样的现实背景下，我们整理出版这套通俗读解历史、讲述中华美德故事的图书，对于传承中华五千多年历久弥新的德教精神、清正社会风气、建立社会核心价值体系，是非常及时并具有深远意义的。幼儿养性、童蒙养正、少儿养志、成人养德，看圣贤事、立君子品、做有德人，让我们重视这一类世代相传、发人深省的传统，感动于轻松读史中。

说说忠信

宋初名相王曾《原忠篇》说："忠之义大矣，忠之理微矣。忠者，中心也。中于道而合乎心之谓也。中不合道，则理有倚偏。道不中心，则道有未尽。故不偏不倚之谓中。中道中心，忠名乃定。忠之义则无所不包，大而格天地、感鬼神、光日月、壮山河、固社稷、卫生民，小则敦孝悌、和夫妇、信朋友、睦宗族、化乡邻、厚风俗。且不特为人宜忠，而自为亦当忠。"这段话的意思是：忠不仅要符合"道"（道义、正道、道理），而且要符合内心，要由衷而发——忠几乎包含了人际关系的全部。除了为人、待人要忠实、忠厚、忠诚、忠贞外，对自己的内心、言行也应这样要求。忠，就是对人对事都要满怀诚意和诚敬，都要"尽心"、"尽己"，即竭尽自己的心意和能力，竭诚尽力而为。

古人讲忠，主要是忠君，就是要对君主、皇帝效忠。因为在封建社会，皇帝就是天，就是社稷、国家，因此，对皇帝效忠就被视为是对国家效忠，就是"精忠报国"。这是岳飞为什么会在秦桧矫诏传旨之下不得不洒泪班师回朝的原因。这样的忠君有时也被认为是愚忠。

我们今天讲忠，首先是忠于国家和人民，就是要对国家和人民忠诚，就是要热爱祖国、热爱人民，就是要把国家、民族和人民的利益放在至高无上的地位。对国家和人民忠诚，就要胸怀报国之志，全心全意地为国效力和为人民服务。

忠不仅要对祖国忠心耿耿，还表现在要对天地良心、对主人、对朋友的忠诚，对爱情、情感的忠贞，对自身言行的忠实负责。"食人一日之禄，必忠人一日之事。受人一事之托，必忠人一事之谋。"可见，忠还要求诚实守信，信守诺言，包含了"信"的一些内容。

信就是诚，从人从言，意谓言必有信，人言不可无信。"民无信不立"，意思是：人如果没有信誉、没有诚信就无法在世上安身。孔子说："人而无信，不知其可也。大车无輗，小车无軏，其何以行之哉？”信之于人，就像车上与车轴相连接的要件，没有了它，在世上就会寸步难行。

古代讲“五常”——人们日常言行举止必须遵守的五种伦常、纲纪和规范，即“仁、义、礼、智、信”，都是立身行世、安身立命所必须遵守的基本道德和修行要求。信也是真诚，“无一可假，无一可伪”，就是做人做事都不能有丝毫的做作、虚伪或虚假。

信，还是“心口如一”，“言必由衷”、“言必有中”，决不可自欺欺人。信，即要“言行相顾”，“言必行，行必果”。答应了的就要去做，做就一定要做成、做好。

信，首先是要自信。既要相信自己，又要不欺瞒自己的内心，这才是真正的自信。其次，要信任别人。要用人不疑，疑人不用。只有对自己有信用、讲诚信，才会让别人信服、信任；同样地，只有相信别人、信任别人，别人才会相信你、信任你。可见，信是维持良好人际关系、促进社会和谐的基石。

在当今社会，尔虞我诈、勾心斗角、耍奸卖滑、假冒伪劣、缺斤短两等不良风气日盛，倡导诚信尤其重要。只有人人讲诚信，这个社会风气才会端正，社会肌理才会健康，社会才会沿着正确的轨道向前发展，人生才会轻松而且愉悦。构建和谐社会，首先是要构建诚信社会。惟有人的诚信才会有社会的和谐。一个无信或失信的时代是堕落沉沦和没有希望的，因此也是悲哀和不幸的。忠者，所以尽心也。非专指忠君言也。凡忠于天，忠于国，忠于主，忠于友，皆忠也。食人一日之禄，必忠人一日之事；受人一事之托，必忠人一事之谋。

忠者，中心也。中于道而合乎心之谓也。中不合道，则理有倚偏；道不中心，则道有未尽。故不偏不倚之谓中。中道中心，忠名乃定。忠之义则无所不包。大而格天地，感鬼神，光日月，壮山河，固社稷，卫生民；小则敦孝悌，和夫妇，信朋友，睦宗族，化乡邻，厚风俗。且不特为人宜忠，而自为亦当忠。忠恕违道不远。施诸己而不愿，亦勿施于人。夫子之道。忠恕而已矣。

民无信不立。人而无信，不知其可也。大车无輗，小车无軏，其何以行之哉？

信者，所以立世也。一片真诚，无一可假，无一可伪。人参三才而立，伦常最重。『五常』信居其末，而仁义礼智，实皆不可假，故信贯五常。『五伦』信属朋友，而君臣父子夫妇兄弟，实皆不可伪，故信又贯五伦。其为德也，心口如一，言行相顾，历始终而弗贰，处常变而不移。大信不约，岂仅在然诺盟誓间乎？

比干争死

◇原文

殷，比干，为纣少师，见纣淫佚，叹曰：『主暴不谏，非忠也。畏死不言，非勇也。过则谏，不用则死，忠之至也。君有过而不以死争，则百姓何辜。』乃强谏。纣怒曰：『吾闻圣人之心有七。』遂剖而视之。武王伐纣，封比干之墓。

姜履曰：『忠臣不畏死，以仁存心也。』比干谏而死，孔子与微、箕二子同称为三仁。夫仁也者，使人身名并全，微子是也。使人爱身而后名，箕子是也。使人杀身以成名，比干是也。录其谏死之忠，以觇其仁。

◇白话

比干给商朝的末代君主纣当少师（少师：即太子的老师，也是辅导太子的官），看到纣王如此地荒淫无度，叹气道："君主暴虐成这样，不去劝谏，那就是不忠了。因为怕死就不敢说话，那就是不勇敢了。君主有了过失应劝谏，如不采纳那就死，这才是忠到了极点。君主有了过失，做臣子的不拼死承担，难道还降罪那些无辜的百姓。"于是比干就去大力劝谏纣王。纣王大怒道："我听说圣人的心有七个孔，那就看看你有几个孔吧！"暴虐成性的纣于是真把比干的心剖开了。后来周武王带领天下诸侯讨伐纣王，最终灭了商朝。周武王就修造了比干的坟墓来纪念这位大忠臣。

忠臣之所以不怕死，是因为心存仁爱，爱惜天下百姓。孔子曾将比干连同当时曾竭力劝谏纣王的微子、箕子合称为三位仁人。这三位仁人中，微子以能让人既保全身体又成全名声出名，箕子以让人爱护身体而后扬名，比干则通过杀身取义而名垂千古。这则小故事记述的是他冒死进谏的忠心，由此可以看出他的大仁大爱确实非同一般。

比干强谏，尽其忠诚。纣王淫佚，遂以死争。

◇ **原 文**

汉，张良，以五世相韩。秦灭韩，良散家财，为复仇计。得力士，狙击始皇于博浪沙中，误中副车。始皇大索不得。后从汉高祖灭秦。韩立成为王，良归韩为相。及成被项羽所杀，良复归汉。灭项羽，定天下，以功封留侯。

张良屡为汉高划策，以统一天下。其心实忠于韩，而假手于汉以灭秦、楚，为韩复仇也。不然，明哲如张良，岂不知汉高之为人，狡兔死，走狗烹乎？故汉业既成，韩王已没，即辞官辟谷耳。

◇ **白 话**

汉朝的张良，家里五代人都在韩国做宰相，所以当秦国灭韩的时候，张良就把家里的财产都变卖了，做着复仇的打算。后来他找到了一个大力士，在博浪沙这个地方，指使这个大力士用一个大铁锤暗中袭击秦始皇，没想错击了一辆侍从坐的车子，逃掉的秦始皇便下令全力搜捕疑犯，但无论怎样也抓不到他。后来张良跟从汉高祖刘邦灭了秦朝。原来属于韩国的地方就立了韩成做韩王，张良回到韩国做了宰相。等到韩成被楚霸王项羽杀死了，张良又回到汉朝，帮助刘邦消灭了项羽，平定了天下。因为他功劳很大，最终被刘邦封做了“留侯”（侯，古代皇帝赐封的一种爵位）。

张良之所以费尽心机屡次替汉高祖刘邦出谋划策，一统天下，是因为他内心忠于韩国，借汉高祖之手来灭秦楚，其实都是在替韩国报仇。要不然，像张良这样聪明的人，哪会不了解刘邦的为人，刘邦是个绝对会做出“狡兔死走狗烹”、“过河就拆桥”等小人之举的人。因此等到刘邦打下了天下，韩王也死了，张良马上就辞去官职，做了个闲人，日日只管颐养身心炼起气功来。

张良狙击，为韩复仇。天秦假手，从汉依刘。

纪信代死

◇ **原 文**

汉，纪信，事汉王为将军。项羽攻荥阳急，汉王不能脱，信乃自请与汉王易服，乘汉王车，黄屋左纛，出东门以诳楚。汉王乘间出西门而遁。信遂被焚。后立庙于顺庆曰『忠佑』。诰词云：『以忠殉。代君任患，实开汉业。』

当荥阳围急之时，纪信不忍汉王束手就擒，愿杀身代之，仁也。知楚人之无识，乃易服诳之，智也。乘汉王车，坦然以赴死，勇也。一举而三达德兼全，岂仅忠而已哉！

◇ **白 话**

汉朝建立之前，纪信在汉王刘邦的手下当将军。楚霸王项羽猛攻荥阳城，汉王刘邦逃不出去，纪信就自告奋勇，和刘邦换了衣服穿，又坐在刘邦的车子里。这车厢的里子是用黄色绸缎做的，左边还竖起一杆牛尾做的大旗。纪信就坐着刘邦的车从东城门出去诱骗楚军，刘邦则乘机装扮成普通人，从西城门逃走了。纪信终于被楚兵俘获，被他们用火活活烧死了。等到刘邦打下了天下，为纪念纪信，就在顺庆建造了一座“忠佑”庙，诰词里是这样表彰他的：“忠诚君王，以身殉国，有开创汉朝基业之大功。”

当初项羽猛攻荥阳城时，纪信不忍心刘邦束手就擒，愿意替他去死，这是仁爱；知道楚兵不认识刘邦，就同刘邦换了衣服以诱骗楚兵，这是智慧；坐上汉王的车子，从容赴死，这是英勇。一个举动竟包含了三种美德，这可绝不仅仅是忠诚了啊！

纪信诳楚，假作汉王。
易服代死，救主荥阳。

苏武牧羊

◇ **原 文**

汉，苏武，持节送匈奴使归，单于欲降之，武引刀自刺，气绝，半日始息。幽置大窖中，武啮雪与旃毛，咽之。旋徙武北海上无人处。使牧羝，羝乳乃得归。武掘野鼠，去草实而食之。居十九年，得还。宣帝赐爵关内侯。

许止净谓苏公之忠义，真千古无两者。试思居北海上冰天雪窖中，人身必需之衣食住三字，一无所有，而积年既久，依然无恙，岂非忠义格天，有鬼神呵护耶？亦其心中浩然之气，有以致之耳。

◇ **白 话**

汉朝时，苏武手持做使臣的节旄（旄，音máo，用牦牛尾做成），送匈奴国的使臣北归（匈奴：我国古代北方的一个游牧民族），匈奴国王单于想招降他，但苏武坚决不从，胁迫之下，苏武竟拿出刀来毅然自杀了，却没有死成，过了老半天重新又有了呼吸。单于不信自己不能让苏武屈服，于是把他幽禁在一个大地窖里，不给他吃的，苏武便吃着雪和节旄上的毡毛充饥，居然活了下来，并且更加气骨傲然。不久，单于又把他流放到北海边上荒无人烟的地方，让他放牧公羊，并说他要想回来，那除非看到公羊产奶。苏武到了北海后，没有吃的，就挖老鼠和野草籽来吃；没有住的，就随便一躺，睡在雪地上。这样不知历尽几多千辛万苦，不知过了几多孤独无望的日日夜夜，直到捱了十九年后，这时汉朝与匈奴国重新交好，苏武才被接回到汉朝来。

许止净认为，苏武的忠诚正义可谓千古无双。试想住在冰天雪地的北海边上，人身体必需的衣、食、住三项都一无所有，而经过了十九年，他还能安然无恙，这难道不是他的忠诚正义感动了上天，有鬼神暗中护佑吗？这也是他心中的浩然正气所导致的结果吧。

苏武持节，啮雪餐毛。牧羝北海，一十九年。

◇ **原 文**

汉，李善，为李元苍头。元家死殁，惟孤儿续始生数旬，而资财千万。奴婢谋杀续分产，善不能制，乃潜负续逃隐。亲自哺养，乳为生湩。续虽在孩抱，奉之不异长君。续年十岁，善与归本县，修理旧业，后续为河间相。

许止净谓『奴隶』名词，令人轻贱者，亦自贱之也。若李善者，士君子见之，且当望尘而拜，孰敢轻视之。故光武拜为太子舍人，再迁太守，流芳千古，居下者可以兴矣。

◇ **白 话**

汉代的李善，在李元家做仆人。李元家里的人相继死去，最后留下一个才生下来几十天的孤儿李续。李元留下大量的遗产，因此李家的奴仆们便纷纷预谋着干脆把李续也杀了，好瓜分财产。李善无法制止，便暗中背了李续逃走，隐居起来。没有乳汁喂李续，他就拿自己的乳头给李续含着，说也怪，双乳居然流出了乳汁。李续虽然还是个在襁褓里的婴儿，但是李善侍奉他和大主人没有两样。直到李续十岁时，开始懂事了，李善才带着他回到了家乡，教他重整旧日的产业。

许止净认为，“下人”这一名称，往往让人感到轻贱，就是本身做下人的人，也经常自己轻贱自己。但像李善这样的做法，就是自诩为高尚的读书人见了也甘拜下风望尘莫及，谁又敢轻视他呢？因此后来汉光武帝任命他做太子舍人（太子舍人：一种太子属官，跟随太子左右），又升为太守（太守：又叫刺史，原为巡察官名，东汉以后成为州郡最高军政长官），流芳千古。看来地位低下者只要有德行，也是能出人头地的呀！

李善乳主，哺养辛勤。虽在孩抱，如奉长君。

◇原 文

晋，嵇绍，字延祖，康之子也。事母孝，累官至侍中。会河间成都二王举兵，绍从惠帝与王战于荡阴，大败，百官皆奔，侍卫尽散，惟绍独以身捍卫，飞箭雨集，死之，血溅御衣。事定，左右欲浣衣，帝曰：『此嵇侍中血，勿浣。』

古者求忠臣必于孝子之门。嵇绍事母至孝，故能移孝作忠，且秉其父忠烈之气，卒以单身卫帝而被害。史载，或谓王戎曰：『昨于稠人中见绍，昂昂然若野鹤之在鸡群。』戎曰：『君复不见其父耳。』

◇白 话

晋朝的嵇绍是著名贤人嵇康的儿子，他侍奉母亲很孝顺，屡次升官直做到了侍中（侍中：“侍郎”为宫廷近侍。后来把侍从皇帝左右、地位渐高、超过了侍郎的等级，称为“侍中”。魏晋以后，往往成为事实上的宰相）。有一年，正赶上河间王和成都王起兵造反，嵇绍就随从晋惠帝和他们在荡阴交战。没承想嵇绍他们打了大败仗，随从的百官全都逃跑了，侍卫们也都一哄而散，只剩一个嵇绍，还在独自用身体护卫着惠帝。从叛军那边飞来的箭矢如雨点一样密集，嵇绍被射死了，鲜血溅满了惠帝的衣服。不过最终还是平定了叛乱，亏了嵇绍的保驾惠帝才得以平安回朝。皇宫里，身边的侍从拿起血衣就要去洗，惠帝却哀伤地阻止说：“这是嵇侍中的血，我要永远保留着它。”

古时要寻找忠臣，是一定要到孝子当中去找的，因为古人认为人有孝道才会有忠义。嵇绍侍奉母亲极其孝顺，因此能将孝顺转化成忠诚，并能秉持父亲的忠烈气概，最终因独自护卫惠帝而牺牲沙场。关于嵇绍父亲的忠烈气概，史书上曾有记载，说有人对晋朝另一大贤人王戎说：“昨天我在大庭广众中看到嵇绍了，昂首挺胸，气势不凡，真个鹤立鸡群！”王戎却回答道：“那你还没见过他父亲的模样呢，更是英武有信。”

嵇绍卫帝，独力依依。飞箭雨集，血溅御衣。

◇ **白　话**

唐代有个叫尉迟恭的官员，当初他在秦王李世民手下任职的时候，隐太子写了封信让他到自己手下做官，还送了他一车的金器，但尉迟恭坚决推辞不接受。秦王称赞他的德行像泰山一样，不是金子所能移动的。有一次，李世民听信谗言，问尉迟恭说：“我听说你要造反，这是为什么？”尉迟恭大为惊讶地回答说：“这是什么话啊？我跟随皇上出生入死，身经百战才赢得了天下，我为什么要起兵反抗皇上您呢？”说完还脱下衣服，给皇上展示身上为家国君王而落下的累累伤疤。皇上流着泪，轻抚那些伤疤，也伤感不已。

尉迟恭当初推辞不受隐太子送的金器时说：“秦王对我恩重如山，如再生父母，我就是牺牲生命，也不足以报答他的恩情。而我对殿下无功无劳，实在是不敢承受这些馈赠的。如果殿下硬要我收下，那么我就是一个胸怀二心、因私忘忠

◇ **原　文**

唐，尉迟恭，字敬德。事秦王时，隐太子以书招之，赠金皿一车。固辞，秦王称其心如山岳，非金所能移。后谓恭曰：『人言卿反，何也？』对曰：『臣从陛下百战定天下，何反为？』遂解衣投地，出示瘢痍。上流涕抚之。

鄂国公之忠至矣。观其辞金器之言曰：『秦王赐再生之恩，唯当杀身以报。于殿下无功，不敢当重赐。若怀二心，徇利忘忠，殿下亦何所用之？』此书情词悱恻，忠言宛转，可谓万古千秋法。

的人了，试问这样的人，殿下又怎么能用呢？”这封回信情真意切，语句委婉，足以做千秋万代的表率。

敬德忠主，赠金固辞。人言其反，解衣示瘢。

元方举知

◇ **原 文**

唐，陆元方，擢天官侍郎。或言其荐引皆亲党。武后怒，免官，令白衣领职。元方荐人如初。后让之。对曰：『举臣所知，不暇问仇党。』后知无他，复拜鸾台侍郎。临终，取奏稿焚之，曰：『吾阴德在人，后当有兴者。』卒如其言。

许止净曰：元方忠心报国，毫无城府，故虽残忍如武后，亦能以诚感之。

◇ **白 话**

唐代陆元方，升做天官侍郎（天官侍郎：即吏部侍郎，主管全国官吏任免、考课、升降、调动等事务的中央部门的副长官。唐武则天时一度改吏部为天官）。有人说他自私自利，专门喜欢引荐自己的亲戚同乡，武则天听后非常生气，就免了他的官职，命令他以无职位名份的白衣人身份管理事务。罢免官职后，元方还是像从前一样推荐人。武则天生气地责问他。元方回答说："我只举荐我了解熟悉的人，又哪里会去管他是仇人还是同乡亲戚什么的呢？"武则天明白了他并无其他私念，就又任命他做鸾台侍郎（鸾台侍郎：掌管机要、参议国政的长官。武则天一度改掌管机要、参议国政的门下省为"鸾台"）。陆元方临死之际，把以前上奏章的草稿全都烧掉了，说："我已积下了阴德，我的后代中将来一定会有兴旺发达的。"后来的事实果然如他所言。

许止净评价说：陆元方忠心报国，心中毫无城府，因此即使是像武则天这样残暴的女皇，也能被他的诚意感动。

元方免官，荐书复上。
举其所知，不问仇党。

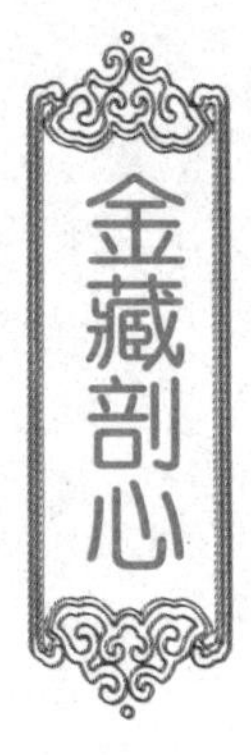

◇ **原文**

唐，安金藏，在太常工籍。睿宗为皇嗣，有诬其异谋者，诏来俊臣问状。金藏呼曰：『请剖心以明皇嗣不反。』引刀刺腹，肠出而仆。武后舆至禁中医治，阅夕而苏。后叹曰：『吾有子不能自明，不如汝忠也。』即诏停狱。

许止净曰：『按本传：金藏母丧，庐墓侧，躬造石坟石塔，昼夜不息。原上旧无水，忽涌泉自出。有李盛冬开花，犬鹿相狎。卢怀慎上闻，勅旌其闾。』求忠臣必于孝子之门，信然。

◇ **白话**

唐代的安金藏，被编在太常寺的乐工籍里。唐睿宗还是皇子时，有人诬陷他想造反，当时的皇帝武则天就下诏派来俊臣去审问他，正直的安金藏大声喊叫道："我可以把心剖开，来证明皇子没有造反的意图。"话一说完，就拿一把刀刺进了自己的肚子，肠子都流出来了，身子跟着就倒下了。武则天让人用轿子把他抬到皇宫里去治疗。整整过了一夜，安金藏才苏醒过来。武则天感叹道："我自己的儿子都不能明了他是否忠于我，亦赶不上你的忠心耿耿啊。"当即就下诏停止了这桩案件。

据史书记载，安金藏母亲去世后，他就在墓旁盖了间茅草屋，亲自建造石坟、石塔，日以继夜，一刻不停地守候。山坡上本来没有水，这时却突然有泉水自动流出，墓上的李树竟在严冬开出花来，狗和鹿也在墓旁的草地上一起嬉戏。卢怀慎把这些事报告给皇上，皇上下令在安金藏的乡里立了旌坊表彰他。

金藏工籍，赤胆忠诚。
皇嗣不反，剖心以明。

◇原 文

唐，颜真卿，为平原太守。禄山反，真卿独倡义讨之。玄宗方叹河北无忠臣，闻之曰：『朕不识真卿作何状，乃能如是。』李希烈反，诏使劝谕。希烈欲降之，真卿叱曰：『汝知吾兄杲卿骂贼而死乎？吾惟守节。』希烈谢之。

禄山反，杲卿起义兵。传檄河北。河北二十四郡，惟真卿一人倡义讨贼，无怪玄宗闻而奇之。杲卿为贼将史思明执送洛阳，大骂禄山为营州牧羊奴。禄山节解之，犹詈不绝口。一门双忠，流芳千古矣。

◇白 话

颜真卿是唐朝大书法家，同时他还是平原的太守（太守：又叫刺史，原为巡察官名，东汉以后成为州郡最高军政长官）。安禄山起兵造反，只有颜真卿倡导要讨伐他。唐玄宗正感叹说河北地方没有一位忠臣，听说了颜真卿要讨伐安禄山，感慨道：“我都不认识颜真卿，不晓得他长啥样，他竟能这样忠心！”后来又有一个叫李希烈的也起兵造反，皇上下令派颜真卿去劝谕他。李希烈想要颜真卿投降自己，倒对他婉言诱反。颜真卿大声叱责道：“你知道我的哥哥颜杲卿吗？他就是骂贼骂到死的那个人！我只晓得人要守得住气节，哪个会投降了你！”李希烈被震住了，自觉没趣，赶紧谢罪。

安禄山造反，颜杲卿发兵讨剿，传令河北各地，河北有二十四个郡，只有颜真卿一个人倡导讨伐，无怪乎唐玄宗听到这个消息会感到惊奇。颜杲卿被造反军将领史思明抓住送到洛阳去，他就大骂安禄山是营州放羊的奴隶。安禄山让人把他分尸肢解，他还在骂不住口。颜家出了这样两个忠臣，真是流芳千古啊！

真卿讨贼，倡义誓师。
惟知守节，希烈谢之。

李绛善谏

◇ **原 文**

唐，李绛，善谏。上欲罪白居易，绛曰：『陛下容纳直言，故群臣敢谏。居易志在纳忠，今罪之，恐天下钳口矣。』上悦而止。上尝责绛言太过。绛泣曰：『臣畏左右，爱身不言，是负陛下。言而陛下恶闻，乃陛下负臣也。』上怒解。

先君曰：『李丞相，良臣也。好直谏，不与小人为伍。李吉甫虽逢迎，宪宗每以绛言为是。盖以其知无不言，言无不中，故虽屡次犯颜，触怒上意，而仍能转辗陈言以启帝心，非立心忠正者，焉能至此。』

◇ **白 话**

唐朝时的李绛，忠信正义，善于进谏。有一次，皇帝想治白居易的罪。李绛知道白居易是无辜的，就上奏道：“皇上能包容、接受正直的话，大臣们才敢进谏。白居易本意是要尽职效忠的，如今若是办了他的罪，恐怕全天下的人都该闭嘴不敢说话了。”皇帝知道自己错了，高兴地接受了他的建议，不再追究白居易那事。又一次，皇帝责怪李绛劝谏太过，话说过多了。李绛哭着回答：“我怕皇上身边的人，明知皇上错了，也因明哲保身而不敢多说，这样就会延误了国家、辜负了皇上。反过来说，要是臣子们大胆说话而皇上却讨厌听，这就是皇上辜负了大臣们了啊。”皇帝听李绛说得有理有据，怒气顿消，此后还真耐心听取了大臣们的意见。

李绛的确是位好宰相，喜欢正直进言，不与小人为伍。当时皇上身边有另一位大臣叫李吉甫，时时刻意奉承、迎合皇上，但唐宪宗内心里还是认为李绛的话说得对。皇上这么认为，大概是因为每次李绛都能知无不言，且每次进言都能切中要害吧。因此虽然他屡次触怒了皇帝，但皇帝最终都能委婉化解对他的怒气。如果李绛不是忠心正直的人，哪能做到这些呢？

李绛直谏，以尽忠忱。屡触帝怒，幸启君心。

孟容制强

◇ **原　文**

唐，许孟容，为京兆尹时，神策军吏李昱贷富人钱，不偿。容收昱械系，立期使偿。上遣中使宣旨，送昱回本军。容曰：『臣不奉诏。臣为陛下尹畿，非抑制豪强，何以肃清辇下。钱未偿，李昱不可得。』上嘉许之。京城震栗。

许止净谓富人重利盘剥，固为害，而贷者抗债不偿，尤为害。故袒护富民，自非良吏。若矫枉过正，袒护贫民，佃田抗租，欠钱赖债，致信用丧失，风俗败坏，更进一步，即为攘夺。此孟容所以抑制豪强也。

◇ **白　话**

唐朝时，许孟容在京做地方官，当时有一个叫李昱的神策军官（神策军：唐天宝十三年陇右节度使哥舒翰在洮州西设神策军，其势力非常之大，在诸禁军之上），借了富人的钱不肯还，孟容就把李昱抓了起来，上了枷锁，限定日期让他还钱。当时的皇帝派了太监传旨，叫许孟容把李昱送回军中去。孟容回复道："我不能奉行圣旨。我为皇上管理着京都地区，假使不能把豪强压制下去，还怎么整顿京城的其他地方呢？钱不还清，李昱就不能放回去。"皇帝听了这话，大大地赞他正直忠义。后来这事传开来后，全京城的人都非常震撼。

许止净认为，富人重利轻义，大肆盘剥百姓，固然为害很大，但是借钱人要是欠债不还，为害更大。袒护富人的，当然不是什么好官，但如果矫枉过正，袒护穷人，租人田地却拒交地租，欠人钱财却赖账不还，这样更会导致社会信用丧失，风俗败坏，更进一步，就会演变成劫掠抢夺。这，也许就是许孟容之所以要以铁手腕压制豪强的原因吧！

孟容执昱，贷债令偿。
不奉诏旨，抑制豪强。

◇ **原 文**

宋，李沆，为相时，屡取四方之水旱盗贼直奏之。上问治道所宜先。对曰：『不用浮薄新进喜事之人，此最为先。』上尝谓之曰：『人皆有密启，卿何独无？』沆曰：『臣待罪宰相，公事则公言之，何用密启？密启者，非谗即佞耳。』

李文靖，史称其内行修谨，居位慎密，不求声誉，遵法度，识大体。人莫能干以私。公退，终日危坐，未尝跛倚。观其奏对各语，及深恶密启之言，与史之所称品行相仿，足见其守正不阿矣。

◇ **白 话**

宋朝的李沆在做宰相时，屡屡将全国各处的水旱灾害、盗贼之类的坏事一一上奏，从不做粉饰太平、欺上瞒下的事。皇帝问他，治理天下哪件事应该最先考虑，李沆回答：“臣认为，不任用那些性情浮躁、刚升官职、喜欢惹事的人，这是应最先考虑的。”皇帝曾经问他说：“别人都有秘密的奏启，为什么惟独你没有？”李沆回答说：“我蒙受皇上恩宠，当着宰相的官职，有关国家的公事当然应堂堂正正公开地说，哪还用得着藏着掖着秘密地奏启呢？那些采用密奏的，不是奸邪小人就是妄佞之臣啊！”

史书上称赞李沆修行严谨，当官慎重周密，不求名声，遵纪守法，顾全大局，没人能以私利打动他。就是在他退位之后，他都还能整日正襟危坐，安分守己。李沆可真称得上是刚正不阿的忠臣啊！

李沆不阿，直奏殿陛。
公事公言，深恶密启。

◇白 话

宋朝的王旦当宰相时，当朝另一位叫寇準的官员，多次在皇上面前揭他的短，当皇上问及寇準的为人时，王旦却一味称赞寇準是如何如何贤达。皇帝对王旦说：“爱卿啊，你一味赞美寇準，你却不知，他在朕的面前却专门说你的过失不是哩。”王旦回答说：“我在宰相的位置上呆久了，缺点、过失必定很多，寇準毫不隐瞒，一一揭发，这更能显出他的忠诚与正直啊。”寇準又私下请王旦提拔、推荐自己做宰相。王旦严肃地说：“将相的大任是靠德行和才能任命的，哪是可以随随便便请求人举荐？”寇準自讨个没趣，心里恨死了王旦，总想着日后有了机会要好好地报这个仇。等他升做了节度使（节度使：唐朝在重要地方设置的总管数州军事的长官），当真做上了宰相后，刚想如何把王旦搞下去时，皇帝却详尽地告诉寇準，他的所有升迁都是王旦一手推荐的，寇準顿感异常惭愧，恨不得立马找个地缝钻进去。

◇原 文

宋王旦为相。寇準数短旦，旦专称準。上曰：『卿称其美，彼专谈卿恶。』旦曰：『臣在相位久，阙失必多。準无隐，益见忠直。』準私求为相。旦曰：『将相之任，岂可求耶？』準深憾之。及除节度使，同平章事，上具道旦所荐，準愧叹。

魏国公从容大度，为国荐贤，已忠反称人忠。史称平日家人未尝见其怒，试以少埃墨投羹中，旦惟啖饭，问何不啜羹。曰：『偶不喜肉。』后又墨其饭，曰：『今日不喜饭，可别具粥。』即此小事观之，足见其度矣。

王旦做人从容大度，为国家推荐贤才时自己忠诚不表反倒大力举荐别人。史书上说，王旦性情温婉可亲，平时家里人从未见他发过怒。有一回，家人为了试他，故意将少量尘土和黑墨放到肉汤中，王旦看见了，只吃饭，不喝汤，家人问他为什么这样，王旦只说：“我有时不喜欢喝肉汤。”后来家人又把黑墨放到饭里，王旦说：“我今天不喜欢吃饭，可以另外给我点粥吗？”从这些生活小事可以看出，王旦的气量的确是很大啊！

王旦为相，荐举至公。寇準数短，反称其忠。

岳飞报国

◇ 原 文

宋，岳飞，善以少击众。朱仙镇之役，以五百人，破金兀术众十余万。秦桧与兀术通，矫诏召飞父子下狱，令中丞何铸推鞫。飞裂裳示铸，背涅『尽忠报国』四字。铸以白桧。桧改命万俟卨复鞫。竟以『莫须有』三字定案。

岳武穆，忠勇之将也。每出师，号令严明，秋毫无犯。凡有所举，尽召诸将谋之。故有胜无败，猝遇敌，无敢退者。每升官，必曰『将士效力，飞何功之有？』惟其有人无我，故所向无敌耳。

◇ 白 话

宋代名将岳飞，精忠报国，英勇善战，军事才能一流，专门善于以少击多，以寡敌众。朱仙镇一仗时，他率领五百官兵，攻破了金兀术十几万大兵。当时的奸臣秦桧一贯主和，与敌国的金兀术私通，假造皇帝诏书召回岳飞父子，把他们关进监狱，派御史台里检举非法行为的中丞何铸去审讯他们（御史台：封建国家的监察机关；中丞：御史台的长官）。岳飞撕开衣服给何铸看，背上岳母刻的“尽忠报国”四个字赫然在上，异常醒目。何铸把这些情况禀报了秦桧，秦桧就改派万俟卨（万俟，姓，音mò qí；卨，音xiè）再去审讯岳飞，最终实在问不出什么罪了，就以“莫须有”的罪名给他定了案，把岳飞父子偷偷杀害了。

岳飞是一位忠诚英勇的大将。每次出兵，岳家军总是号令整齐，纪律严明，对老百姓爱护有加，秋毫无犯。每有重大举动，岳飞总是召集全体将领一起谋划，因此他的军队总能打胜仗。官兵们和岳飞一起，上下一条心，劲往一处使，即使是仓促遇上敌人，也没有一个人会后退逃跑的。岳飞每次升官，一定都会这样说：“我能得到嘉奖，这都是将士们尽力效忠的结果，岳飞我又有什么功劳呢？”正因为他心中只有别人没有自己，所以他率领的军队能够所向披靡，天下无敌！

岳飞兵寡，善破众军。
尽忠报国，盖世功勋。

◇ 原 文

宋，洪皓，使于金。至云中，金人迫事刘豫。皓曰：『万里衔命，不能奉两宫南归，恨力不能磔逆豫，忍事之耶？愿就鼎镬。』粘没喝怒，将杀之。旁一校曰：『此真忠臣也。』为皓跪请，乃得流冷山。绍兴十二年始归。卒谥忠宣。

皓为秀州司，时大水。白郡守发廪，损直以粜。浙东纲米过城下，白守留之，守不可。皓愿以一身易十万人命。人感之切骨，号洪佛子。

◇ 白 话

南宋时，洪皓奉命出使金国，到了云中这个地方，金国人逼迫他到叛徒刘豫的手下做事，洪皓说：“我奉皇帝命令，不远万里而来，只恨自己不能把叛贼刘豫一刀刀剐了，好平了心中的怒气，叫我去侍奉他？还不如把我扔进大水锅里给煮了呢！”金国有个叫粘没喝的将领，听得洪皓这么一说非常生气，就要一刀杀死他时，旁边一个校官受了感动站出来说：“将军息怒！刀下留人！依我看，这才是真正的忠臣啊！”说完还跪下来替洪皓求情。最后洪皓被流放到冷山，忍辱负重，一直到绍兴十二年才被释放回宋朝。洪皓死后，皇帝赐他谥号，叫“忠宣”。

洪皓做秀州的司理官时（司理官：主管狱讼的官吏），有一年遇上发洪水，他禀请郡太守打开官府粮库，降价卖米。浙江东部进贡的大米运经城下，他又请太守为百姓截留点粮食。太守认为这两件事都不可行，不予同意，洪皓就甘愿牺牲自己一人的生命，来换取十万百姓的性命。全郡百姓都被他感动得泪水涟涟，称他是“洪佛子”。

洪皓不降，愿就鼎镬。此真忠臣，光明磊落。

◇ **原文**

明，方孝孺，性刚直。燕王召用，不屈。令草诏，孝孺斩衰入见，悲恸彻殿。王曰：『我法周公辅成王耳。』孝孺曰：『成王安在？』王曰：『伊自焚死。』孝孺曰：『何不立成王之子？』左右授笔札。孝孺大书『燕贼篡位』四字。王大怒，夷十族。

方学士，真大忠臣也。同时御史景清，伏剑被收，漫骂。抉其齿，且抉且骂，含血直噗御袍。御史练子宁，出语不逊，断其舌，子宁手探舌血，大书『成王安在』四字。忠烈之气，至今闻之，犹凛凛在目也。

◇ **白话**

明代的方孝孺，性格耿直，刚正不阿。燕王朱棣起兵造反时，皇帝从皇宫里逃了出去，不知所踪。燕王朱棣就要做上皇帝了，他听得方孝孺的才华和美名，下诏要任用他，孝孺却说什么也不肯去。朱棣再次下令要他为自己起草诏书，方孝孺见再也躲不过，就披着麻戴着孝痛哭流涕地一路跑进来，哭声之大，竟响彻大殿。燕王说："你也不必这样，我叫你来，无非也是效法周公辅佐成王罢了。"孝孺义正词严地质问："成王在哪里呢？"燕王回答："他自焚死了。"孝孺又质问道："那为什么不立成王的儿子做皇帝呢？"燕王没答理他。身边的人递给孝孺笔和纸，要他起草诏书，没想孝孺大笔一挥，刷刷刷就在纸上挥下了"燕贼篡位"四个字。燕王非常生气，一声令下，马上就把方孝孺的全部亲人和学生都杀了。

方孝孺不仅是大学士，还是不折不扣的大忠臣。与他同时的另一叫景清的御史，也是位英烈。景清想刺杀燕王，暗藏利剑在袖，被抓住时，他毫不畏惧，破口大骂，被挖掉牙齿后，他就含血直唾向燕王的龙袍。御史练子宁，对燕王出语不敬，也被割断舌头，他就用手蘸舌头的血，写下“成王安在”四个大字。这些忠臣们的忠烈气概，至今听来，还凛然不屈，如在眼前。

孝孺斩衰，草诏四字。
振笔直书，燕贼篡位。

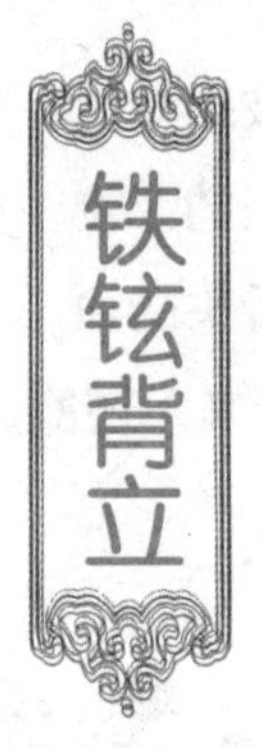

铁铉背立

◇ **原 文**

明，铁铉，官山东参政，屡破燕军。燕王篡位，执铉至京师。陛见，背立廷中，正言不屈。割其耳鼻，终不顾。爇其肉，纳铉口，令啖之。问曰：『甘否？』铉厉声曰：『忠臣孝子之肉，有何不甘！』遂寸磔之。临死，犹骂不绝口。

铉死后，燕王纳尸油镬，顷刻成煤炭。使其尸朝上，展转向外，终不可得。王令用铁棒十余，夹持之，使北面，笑曰：『而今亦朝我耶。』语未毕，油沸，溅起丈余，诸内侍手糜烂，弃棒走，尸仍反背如故。呜呼！烈矣。

◇ **白 话**

明代的铁铉是山东的参政官（参政官：明代在为一省最高行政长官的布政使下设左右参政，以分领各道。左右参政都称参政官）。他屡次率领部队攻破燕王的军队，燕王对他又怕又恨。燕王篡夺了皇位后，便把铁铉抓到京城，故意要让他上朝拜见自己，他们曾经是旧日的死对头，但今日燕王他却是说一不二、威风凛凛的圣上大皇帝。没想铁铉上到殿台，却始终背朝燕王，大义凛然站着，正色讲话，一副绝不屈服的样子。皇帝大怒，叫人把他的耳朵和鼻子都割下来，但铁铉还是巍然站立着，始终不肯回头去殿上看一眼。皇帝又叫人把他身上割下的肉煮了，命令他吃下去。吃完又阴阳怪气地问他："这肉应该还香甜吧？"铁铉呸了一声，厉声回答说："对！这是忠臣孝子的肉，甘甜如蜜，流芳千古！"燕王气得要命，叫人把他身上的肉一寸一寸割下来。直到临死，铁铉就是不说一句投降的话，嘴里叫骂个不停。

铁铉死后，燕王下令把他的尸体投进油锅，

烧成焦炭后想让他的尸体面朝上，身体向外，做出一副屈身朝拜的样子，但无论怎么努力，就是始终做不到。燕王又下令拿十余根铁棒夹持着尸体，使尸体面朝大殿的方向，狞笑着说："这回你得乖乖地朝拜我了吧！"话还没落地，油突然沸腾起来，溅起一丈多高，那些拿铁棒的内宫侍卫的手都烫烂了，赶紧丢下铁棒逃走了。铁铉的尸体仍旧反过身背朝上。见过那些场面的人无不流着泪慨叹："义士！义士！千古未闻，真是太壮烈了呀！"

铁铉背立，不朝燕王。死生如一，寸磔何妨。

◇ **原 文**

明，于谦，谏止英宗亲征也先。不听，驾陷土木。京师大震，莫知所为。谦檄各军赴援，募民兵守御。也先遂拥英宗去。后也先愿归上皇乞和。谦谏景帝迎归。石亨等谮之。遂弃市。死之日，阴霾四合，天下冤之。

忠肃公，声绩卓著，及遘艰虞，缮兵固围，身系安危，功在社稷。乃夺门变起，徐石辈力挤之死。然徐有贞、石亨、曹吉祥，相继得祸，皆不旋踵。而谦忠烈与日月争光，卒后得复官赐恤。公论久而后定，信夫！

◇ **白 话**

明代的于谦是个忠烈之士。有一年，皇帝英宗要亲自率领部队去征讨瓦剌部。瓦剌部是蒙古族的一支，领袖叫也先。于谦极力劝止，英宗就是不听，结果果如于谦所言，吃了败仗后被围困在土木堡。消息传来，京城上下大为震动，惊作一团，都不知如何是好。于谦想好了计谋，镇定地传令各地军队前往救援，又招募民兵守卫京城。瓦剌部的将领也先探得情况如此，就挟持着英宗逃走了。其实当时也先的心里也是希望归还英宗和明朝请求讲和的。于谦知道情况后，又劝谏景帝迎接英宗回来。当时朝廷有一帮以石亨为首的大臣，平日早就嫉妒于谦的得宠了，得了机会，乘机就诬陷于谦说他小人当道，卖国求荣，糊涂的昏君英宗因此判处于谦在闹市处死。处死的那天，阴风怒号，天空中密布乌云，几十公里都看不清楚，天下人都说于谦是个忠臣，死得太冤屈，连老天爷见了都悲伤哭泣呢。

于谦的一生，政绩卓著，声望极高，在国家危难之际，他修治军队，巩固边疆，一心为国，不顾个人安危。等到英宗驾还，重新登上皇位，以前造谣害人的石亨等人相继得到惩处，于谦被恢复官衔和声誉，老百姓都说他的忠烈可与日月争光辉，都说“群众眼睛最雪亮，人心自会定公论”，事情的真相确实是如此啊！

于谦忠烈，日月争光。
驾陷土木，调将勤王。

◇ **原文**

周，楚庄王好猎，夫人樊姬谏不听，遂不食肉。王改过，勤于政事。王称虞邱子之贤，姬曰：『未忠也。妾事君十一年，求美女进于王，贤于妾者二人，同列者七人。今虞邱子相楚十余年，子弟宗戚以外，鲜有所进，贤者果如是耶？』虞邱子闻之大惭，乃荐孙叔敖而楚以霸。

吕坤曰：『国家不治，妒贤之人为之也。樊姬不妒于宫，而推治于国，惟无我心故耳。故我心胜者，不能容人。其终也，反不能容其身。然而妒者卒不悟也，可叹哉！樊姬女宗，可以训矣。』

◇ **白话**

周朝时，楚庄王讲求排场，喜欢数千人一起浩浩荡荡去打猎，夫人樊姬劝他不能挥霍无度、铺张浪费，楚庄王始终不听，樊姬只好以坚决不吃肉为谏，楚庄王这才改过自新，勤勉于国家大事。楚庄王曾称赞一个臣子叫虞邱子的十分忠诚贤明，樊姬却笑笑说："他还算不上忠诚。我侍奉大王已经十一年，总是不断寻求国内美女来进荐给大王，这些美女中比我贤明的有两位，和我平起平坐的也有七个。而今，虞邱子在楚国已做了十几年的宰相，却除了自己的亲属外，很少推荐别的贤人来帮助治理朝政，这样的人，能称得上忠臣吗？"虞邱子在背后听到了樊姬这一番话，确实感到非常惭愧，于是改了私心，开始大力举荐贤才，后来举荐的大臣孙叔敖，使楚国得以繁荣昌盛。

吕坤认为，国家没能治理好，都是嫉妒贤才的人造成的。樊姬在后宫中不妒忌，并且能将这种胸怀推广到治理国家上，这都是因为她心地无私的缘故。如果心气太盛，不能包容他人，就是有再大的本事，也难以在社会上立身。那些爱好妒忌别人的人，自私一时，糊涂一世，实在是可悲啊！樊姬一个女流之辈却能做到这样，她实在是世人学习的榜样。

樊姬进美，择贤于己。虞邱未忠，闻之愧矣。

女婧谏槐

◇ 原　文

周，齐景公有爱槐，使衍守之。令曰：『犯槐者刑，伤槐者死。』衍醉而伤槐。公怒，将杀之。女婧造晏子请曰：『妾父犯令，固当死。第明君治国，不以物害人。今君以槐杀妾父，妾恐伤执政者之法，害明君之义。邻国将谓君爱树而贱人也。』晏子惕然，乃请于景公而免之。

◇ 白　话

周朝时，齐景公有一棵心爱的槐树，派了一个叫衍的人去看守，并发布命令说："凡是冒犯了这棵槐树的都要受刑，如果伤害槐树，不管是谁，一律处死。"一次，衍喝醉了酒后不小心伤害了槐树，齐景公大怒，马上就要处死他。衍的女儿婧听闻后，立即就去拜访当时有名的国相晏平仲，并请求道："我父亲触犯了君王的命令，固然应当处死，但我听说贤明的君主治理国家，是不会因为某件物品而残害他人的。如今君王仅仅因为一棵槐树就要杀了我的父亲，我怕这会损害了君王道义的贤明，而邻国的人听了，也将会认为君王爱物而贱民。求大人救我父亲一命，同时也是挽救国家君王的声誉。"晏子听了这话后感到很有道理，尤其是从一个小女子口中说出，更是愕然和可敬，于是冒着危险向齐景公请求，终于免了衍的死罪。

婧恐父死，有害明君。
趋告晏子，得以上闻。

钟离陈殆

◇ **原 文**

周，齐，钟离春，无盐邑之女。容貌鄙陋无双，臼头，深目，长壮，大节，卬鼻，结喉，肥项，少发，折腰，出胸，皮肤若漆，行年四十，无所适。乃自诣宣王，直陈君国四殆，正而有辞。宣王善其言，纳为夫人，尽反旧时所为，齐国大安。

吕坤曰：『无盐色为天下弃，而德为万乘尊，亦大奇哉！世之妇女，丑未必无盐，而为夫所弃者，当亦自反矣。以无盐之陋，出切直之语，而齐王犹尊宠之，狂惑之夫，不受妇人之谏者，当亦自愧矣。』

◇ **白 话**

周朝，齐国的钟离春是无盐县的女子，此人容貌丑陋无比，长着一颗像砸扁了的石块样的脑袋，眼眶深陷，身材像男人样粗大，又高又胖，鼻孔像猩猩一样外翻着，喉咙上长着结，脖子肥大，头发稀少，腰背弯曲，胸脯突出，皮肤像漆一样黝黑发亮，所以年近四十，谁也不敢娶她。一天，钟离春前去拜见齐宣王，直言国家的四种危险，说得铿锵有力，有理有据。齐宣王十分赞赏她说的话，竟喜欢上了她，几次接触后，更加喜欢她的智慧识见了，就把她纳为夫人了，并一改过去的坏习气，齐国因此得以安定。

钟离春的容貌确实算得上够丑的了，但她的品德却为君王所尊崇，这也真称得上是世间一大奇事了！不过那些丑陋未必如无盐女却被丈夫遗弃的妇女也确实应好好自我反省一番才对。另外，像无盐女这样丑陋的人，只要能说出恳切正直的话，就是贵如齐王也会尊重、宠幸她，世上那些狂妄迷惑、不能接受妇人规劝的丈夫们，也确实应当感到惭愧吧？

齐钟离春，容貌丑陋。
自诣宣王，危言直奏。

魏负匡君

◇原文

周，魏，曲沃负，大夫如耳母也。魏哀王为子娶妇，闻其美，将自纳焉。负谓如耳曰：『君乱于无别，汝胡不匡之？言以尽忠，忠以除祸，不可失也。』如耳未得闲，会使于齐。负乃面谏哀王。王然之，遂还太子妇。而赐负粟三十钟，如耳归而爵之。

曲沃负教子以忠，子未及言，挺身往谏。陈纪纲之大，正人道之始，全贞女之行，绳愆纠谬，使王不敢败度，强邻不敢加兵，君子谓其知礼，岂特忠也已哉！

◇白话

周朝，魏国曲沃有个老太太，是大夫如耳的母亲。魏哀王替儿子娶媳妇，听说儿媳妇容貌美得很，就把她夺了过来，做了自己的夫人。如耳的母亲听到这事，就对儿子说：“国君已做出如此违反伦常的事，你一个做臣子的，为什么不去纠正纠正呢？进言以尽忠诚，尽忠以除祸害啊。”如耳也有此打算，但一直苦于没有机会，偏偏这时，他又作为使者被派遣到齐国去。如耳的母亲见儿子再也找不到机会进谏哀王了，就亲自去面见哀王，竭力跟他说清道理。哀王认为她说得非常正确，就把媳妇还回给了儿子，还赐给老太太二百石米，如耳回国后还被封了爵位。

曲沃的这位老太太，教育儿子要忠诚，儿子来不及进言，她就挺身而出，自己前往劝谏，陈述纲纪的重要性，匡正伦常，纠正过错，迫使君王不敢败坏法度，强大的邻国不敢出兵侵犯，大家都说她很懂礼教，她的品行，又怎么是一个“忠”字能概括得了的呢？

魏曲沃负，教子义方。如耳出使，自谏哀王。

◇ 原 文

周，大夫主父，自卫仕于周，二年归。其妻淫于邻人，封药酒待之。主父至，妻使媵婢取酒进之。婢知为鸩也，默计进之则杀主父，言之则杀主母，因佯僵覆酒。主父怒笞之。妻以他故，欲杀婢灭口。主父弟闻其事以告，主父遂出妻，欲纳婢以代之。婢固辞，乃厚币嫁焉。

吕坤曰：『忠婢此举，无一不协于善者。不彰主母之恶，厚也；不忍主父之毒，忠也；佯僵覆酒，智也；笞将死，终不言，贞也；不敢居主母之处，礼也。此可以为士君子之法，而况妇人乎？』

◇ 白 话

周朝时候，有个大夫叫主父。主父从卫国到周朝去做官，两年后回到原籍。这两年中，他的妻子和邻居通奸，怕事情败露，就准备好药酒，只等主父一到家就下毒。主父到家了，妻子故意装出兴高采烈的样子，让随嫁过来的婢女端着酒进献给他。婢女知道这是毒酒，心中暗自着急，心里想：如果送酒上去，就会毒死主父；如果把真相说出，主母必会被主父杀死，真是两难齐全啊！怎么办呢？忽然，这个婢女眉头一皱，心生一计，假装摔了一跤，把酒打翻了。主父大怒，把婢女结结实实打了一顿。他妻子借口其他原因，也想把婢女杀了以免留下口实。只有主父的弟弟知道原委听说了这事，就把事情的真相原原本本告知了主父。主父很惊诧感动，就把妻子休了，想迎娶婢女为妻，婢女却一再推辞，主父只好送了她丰厚的钱财，把她隆重地嫁了出去。

细看这个婢女的行为，真是无一处不合乎善啊。她不去揭发主母的恶行，这是厚道；但又不忍心看主父受害，这是忠诚；假装跌跤把酒打翻，这是智慧；被鞭打到快要死掉却始终不肯说出真相，这是坚贞；不敢占据主母的地位，这是礼义。这些德行，就是君子男士都可以学习一辈子了，更何况是妇人呢？

卫有忠婢，主母贪淫。命进鸩酒，僵覆明心。

◇原 文

周，楚，庄侄，县邑女也。顷襄王好台榭，出入不时，行年四十，不立太子。谏者闭塞，屈原放逐。秦欲袭其国，使张仪间之。侄年十二，请于母，愿往谏之。母以年幼不许。侄乃持帜伏道旁以见王，直谏三难五患。王奇之，载归。立为夫人。乃为王陈节俭爱民之事，楚国复强。

庄侄，一十二龄之童女耳，忠爱性成，知国有三难五患，祸乱将作，乃竭诚谏阻，转危为安。丈夫行有加于是乎？王以之为夫人，是得一女忠臣矣，国安得而不强？

◇白 话

周朝时候，楚国的庄侄是县官的女儿。当时楚国的顷襄王喜欢大肆挥霍，到处建造亭台楼榭，做事不按礼仪，为所欲为，年近四十，还不立太子，想劝谏的人找不到路子，忧国忧民的屈原说了他几句，就被流放到偏远的外地去，国民见情况如此，都焦虑万分，敢怒不敢言。秦国见楚国国情如此，觉得时机成熟，正好可以偷偷袭击它，就派了张仪前去挑拨离间。庄侄当时只有十二岁，却看出了国家的危急情势，有一回，她主动向母亲请求，希望前去规谏楚王。一个年幼的小女孩，母亲怎么肯答应呢？庄侄就偷偷出了门，拿着旗子悄悄藏在路旁，等顷襄王一出来，就举起旗子请求拜见，很直率地禀告他楚国存在的三种危难和五种祸患。小小一个女孩子，竟能说出如此有理有据的话来，顷襄王感到惊奇无比，就用车把她接了回去，很快又爱她有智慧又美丽，就封做了夫人。到宫后，庄侄随时给楚王陈述节俭爱民等各项注意事宜，楚国慢慢又得以强盛起来了。

算起来，庄侄进谏楚王时不过是个十二岁的小女孩，但她的忠诚爱民却仿佛是与生俱来似的，知道国家存在哪些危难祸患，知道祸乱什么时候就要发生，竭诚劝阻楚王，最终使楚国转危为安。这些事迹，就是大丈夫也不容易做到啊！楚王收她做了夫人，他这是得到了一位女忠臣啊！如此，国家怎会不重新强大起来呢？

庄侄年幼，持帜道旁。三难五患，直谏君王。

◇ 原 文

汉，冯昭仪，事元帝为婕妤时，帝幸虎圈，观斗兽，后宫皆从。熊逸出圈，攀槛欲上殿。后宫皆惊走。婕妤直前，当熊而立，左右格杀熊。元帝问何独前当熊不畏，对曰：『猛兽得人而止。妾恐熊犯御座，故以身当之。』元帝嗟叹，倍敬重焉，立为昭仪。

吕坤曰：『妇人多畏。冯昭仪之当熊，忠义心切，遂不暇畏耳。傅后妒其独立以形己之短，成帝立，以他事诬杀之。呜呼！吾欲为善而善不可为，冯昭仪之谓乎！』

◇ 白 话

汉朝的冯昭仪当元帝的婕妤时（婕妤：妃嫔的称号），元帝巡幸老虎园，观看野兽相斗，后宫里的人都跟着去看。没想到一只熊突然逃出了园子，攀着栏杆就要爬到殿上来。所有后宫妃嫔全都惊恐万分，争相逃奔，只有婕妤一个人径直走上前，迎着熊站着，在熊怔住的瞬间，左右的人一齐围上，这才把熊制服杀死了。事后，元帝问她何以敢独自迎着熊站立不害怕呢？婕妤回答说：“凶猛的野兽，只要逮着一个人就会停止攻击其他人。我怕熊侵犯到皇上，因此就用身体去挡住它的视线，当时能想到的就只有这些了，至于其他，什么也顾不上了。”元帝慨叹不已，倍加敬重她，并把她立做昭仪（昭仪：妃嫔中的第一级）。

吕坤评论说：一般来说，女人都很胆小。冯昭仪之所以敢去挡熊，是忠义之心促使她那样做，虽然危急，但救人之心恳切，就来不及畏惧了。不过后来傅皇后忌妒她如此勇敢更反衬自己的短处，于是等汉成帝一上台，就找了个借口把她杀了。看来，本意想做好事但好事却招来杀身之祸，说的就是冯昭仪吧。

汉冯婕妤，事帝后宫。从观斗兽，以身挡熊。

滂母无憾

◇ **原 文**

汉，范滂，字孟博，汝南人。初为清诏使，坐钩党系狱。既释，朝廷复治钩党。督邮吴导不忍捕，抱诏书而泣。滂闻之，即自诣县。县令郭揖愿与俱亡。滂以累令及老母力辞。其母就与之诀，曰：『汝今得与李杜齐名，死亦何憾？既有令名，复求寿考，可兼得乎？』滂跪受教。

吕坤曰：『滂当乱世而高论以速凶，处小人而激清以乐死，狷介之流也。吾深惜之。惟是名寿不可兼得，妙合知足之旨，而慨然割爱，无儿女子之情，母也贤乎哉！』

◇ **白 话**

汉朝的范滂，当初在做肃清强盗的官职时，因为受到党派的牵连被关进监狱。释放出来以后，朝廷又开始惩办结党的党人。汝南县的督邮吴导不忍心抓捕他（督邮：汉代各郡的重要属吏，代表太守巡察县乡，宣达教令，兼管狱讼捕亡等事），一下不知如何是好，捧着皇帝下的诏书竟伤心痛哭起来。范滂听说后，当即自己来到县里投案自首。县令郭揖知道范滂的为人，甘愿弃职同他一起逃走。范滂怕连累了县令和老母亲，坚决不同意逃走。母亲知道情况后，赶去同他诀别道：“儿啊，你做得对。好汉做事好汉担，你如今已同前辈义士李膺、杜密齐名了，死又有什么好遗憾呢？已经有了好名声，还想要求长寿，这二者是能兼得的吗？”范滂跪下来接受了母亲的教导，毅然自首，最后被朝廷杀了。

范滂身处动乱年代却坚持正直进言，因此招致凶事，处在小人中间却能扬清激浊不畏死，实在是一个狷狂耿直的人。他的死让人深感惋惜，只是名声与长寿不可兼得，这正暗合了凡事须知足的道理。能够勇敢地割舍亲情，范滂的母亲也是很有大义呀！

范滂之母，教子尽忠。死亦何憾，千古尊崇。

◇ **原 文**

晋，卞壶，与二子眕、盱皆战死。壶妻裴氏抚尸哭曰：『父为忠臣，子为孝子，复何恨乎？』其墓在冶城，明太祖建朝天宫，欲平之，见一妇缞麻大笑，怪问之，曰：『吾夫死忠，子死孝，吾忠臣妻、孝子母，又何戚焉？』言毕，不见。太祖问于人，始知为卞坟，妇即壶之妻。乃建祠封其墓。

苏峻之乱，卞壶督诸军，力疾苦战死。二子眕、盱亦从之。裴氏为忠臣妻，又为忠臣母，生前无恨，殁后犹荣。相隔千余年，英灵不泯，宜明祖之建祠封墓也。

◇ **白 话**

晋朝时候，卞壶和他的两个儿子卞眕、卞盱都在战争中阵亡了。卞壶的妻子抚摩着他们的尸体痛哭道：“做父亲的是忠臣，做儿子的是孝子，我虽然失去了那么多亲人，但又有什么好遗憾的呢？”便把他们都葬在了南京。很久很久以后，到了明代，明太祖朱元璋要建一座朝天宫，那位置正好有一座坟墓，正要动工平整时，忽然看见一个妇人披麻戴孝，在墓地旁放声大笑。众人觉得很奇怪，就询问她是何人为何事大笑。那妇人回答道：“我丈夫是为忠死的，我儿子是为孝死的。我是忠臣的妻子、孝子的母亲，我是多么高兴呀。现在要把他们迁走，我也没有什么可悲伤的。”话一说完，人就不见了。明太祖向部下打听，才知道这正是远在一千多年前的晋朝卞氏父子的坟墓，那个妇人，就是卞壶的妻子。于是放弃了在此地建宫殿，而即刻下令建立祠堂，重修了他们的坟墓。

晋朝时，苏峻造反，卞壶率领各部军队，奋

力作战而死。他的两个儿子卞眕、卞盱也随从作战而死。卞壸妻既是忠臣之妻，又是忠臣之母，生前无憾，死后犹荣。难怪相距一千多年，他们的英灵都不泯灭，也该明太祖替他们建祠封墓。

卞妇裴氏，义烈无垠。夫忠子孝，明祖封坟。

朱韩新城

◇ 原　文

晋，朱序为梁州刺史，守襄阳。秦苻坚兵入寇。朱序之母韩老夫人，自登城履行。至西北隅，以为不固，率百余婢及城中女子，于其角斜筑城二十余丈。秦兵至，围城，序固守。秦粮将尽，急攻之，西北角果溃，众即坚守新城，秦兵遂引退。襄阳人因名新城曰『夫人城』。

◇ 白　话

晋朝朱序是梁州刺史，镇守着襄阳城。北方前秦的苻坚带兵入侵时，朱序的母亲韩老夫人亲自登上城头巡视，走到西北角时，认为防御工事不够牢固，就带领一百多个丫鬟和城里的妇女们，在城角另外斜着修筑了一座二十几丈长的城墙。前秦军队打来了，包围了襄阳城，朱序带兵坚守。相持了好久，前秦的粮草眼看就要耗尽，他们像逼急了的疯狗那样加大力量和加快时速攻城，西北角的旧城果然被攻陷了。幸好朱序的军队还可以转移到母亲带领丫鬟们筑的城墙里坚守。前秦军队久攻不下，只好引兵退去，襄阳城又得以保全。秦军退后，为了纪念韩老夫人的功德，人们就把这座新城叫做“夫人城”。

朱母韩氏，登城履行。西北来固，率婢筑城。

◇ **原文**

隋，宫人朱氏名贵儿。时宇文化及使司马德戡等，于中夜率卫士，欲弑炀帝。宫人皆奔散，独贵儿在帝左右，责德戡曰：『三日前，帝虑侍卫秋寒，诏宫人悉絮袍袴，帝自临视出赐。何遽负恩而反颜相向？』及炀帝缢死，贵儿犹大骂德戡等不已，遂为乱兵所害。

炀帝荒淫无度，死固其所。而德戡等忘恩负义，亦全无心肝人也。观贵儿责德戡之言，一宫人耳，尚有忠肝义胆，临难不避，彼反戈相向者，视贵儿真不啻霄壤矣。

◇ **白话**

隋朝有个宫女叫朱贵儿。当时的侍卫官宇文化及司马德戡等人倒戈相向，相约半夜时分率领卫兵去杀隋炀帝。夜半事情如期进行，全宫上下，所有人全都四散而逃，隋炀帝身边的那些宫女更是争相逃命，却见只有朱贵儿一个人，紧紧守在皇帝身边，她厉声责备司马德戡等人说：“三天之前，皇帝还担心侍卫们秋寒衣单，下令宫女们做棉袍棉裤关心他们，皇帝还亲自监督这事，并赞赏你们做得好，赐给你们不少财物。你们怎么就突然忘恩负义，翻脸倒戈不认人了呢？”但最后，隋炀帝还是被逼上吊死了，直到皇帝死，朱贵儿都在一刻不停地大骂司马德戡等人，最后乱兵烦不胜烦，一刀就把她杀死了。

历史上的隋炀帝荒淫无度，他被逼吊死，也是活该的事。但就事论事，司马德戡等人忘恩负义，也是没有良心的东西。惟有朱贵儿，区区一个宫女，却有情有义，忠肝义胆，临难之际也不逃避，那些倒戈相向的人，与朱贵儿相比，真是天壤之别啊！

贵儿宫女，忠烈超群。
叛臣弑帝，大骂殉君。

◇原　文

唐太宗后长孙氏，商榷献替，每尽规谏。太宗或以非罪谴怒宫人，后亦佯怒，请自推鞫。俟上怒息，徐为申理。尝在上前，称魏征为正直社稷之臣，并朝服立庭，贺太宗之容直言。病革，与帝诀，犹谆谆以国政为辞。后崩，太宗哭之恸，曰：『此后入宫，不闻规谏，失良佐矣。』

长孙后非女谏官耶！后者，朝夕在侧，随时进言。弥留犹以亲君子、远小人、纳忠谏、屏谗慝、省作役、止游畋为言。太宗且视为良佐，孰谓宫闱中无正人君子哉！

◇白　话

唐太宗的皇后叫长孙氏，做事有节有度，是个有品行的人。凡遇国家兴废的各项事情，长孙氏总是尽力规劝太宗。唐太宗脾气不好，发起火来，总要无辜地责罚几名宫女，每每这时，皇后也跟着假装发怒，并请求太宗把那些宫女交由她去审讯。等到皇上息怒以后，她再慢慢替受冤的人说理求情。一次，她在皇上面前大赞宰相魏征是个正直忠诚、能保护国家的大臣，赞毕，皇后长孙氏还穿上朝服，站在庭前，感谢太宗胸怀宽广，能接受正直的劝谏。后来长孙氏病得很重，纵然是在临死前，她还恳切地对太宗说着有关国家大事的话。长孙皇后死了，太宗哭得很悲伤，他伤心欲绝地对身边大臣说："以后我回到宫里……再也听不到规劝的话语了……别人是损失了一位好皇后，我是痛失了一位好帮手啊！"

其实，与其说长孙氏是皇后，真的还不如说她是一位很好的女谏官呢！作为皇后，从早到晚都服侍在皇帝身边，能随时随地地规劝皇帝。而事实上，长孙氏也一直就是这样做的，直到弥留之际，她都还在劝勉皇上要亲近君子、疏远小人、采纳忠言、摒弃谗言、减少徭役、停止狩猎等等。唐太宗从内心里把她视为好帮手，谁又能说后宫之中就没有贤德君子呢？

长孙皇后，规谏良佐。国有直臣，为君庆贺。

◇原 文

唐，王义方官侍御史，以宰臣李义府恃恩放恣，将弹之。告母曰：『奸臣当道，怀禄而旷官，不忠。老母在堂，犯难以危身，不孝。进退惶惑，不知所从。』母曰：『王陵母杀身以成子之义。汝若事君尽忠，立名千载，吾死不恨。』义方遂弹之。高宗以为毁辱大臣，贬莱州司户。

义方之母，诚善学陵母哉！陵母知汉之当兴，故对使伏剑，宁死以成子之忠。王母知君之不悟，故称先则古，誓死以教子之忠。言虽无济，而其母子之忠，亘古常昭矣。

◇白 话

唐朝有个叫王义方的，做着侍御史的官（侍御史：即御史中丞，与殿中侍御史、监察御史同为御史台成员，负责监察官吏等），因为当朝皇帝恩宠宰相李义府，李义府便有恃无恐，做事放肆得很，王义方就想着要弹劾他。但李义府一个当朝红人，谁动了他肯定没有什么好结果。王义方明白这点，为这事一直犹豫不决，拿不定主意，于是禀告母亲说："如今奸臣当道，小人掌权，孩儿我吃着朝廷俸禄，如果不闻不问，任其发展，就是不忠。但家里有年迈母亲，如果触犯了权贵，不仅危及自己，还会连累母亲您啊，因自身而牵连长辈，这是最大不孝的事情。唉，孩儿现在进退两难，真是惶惑得很哪。"母亲说："儿啊，我听说历史上王陵的母亲为了成全儿子的忠义竟然杀了自身。你如果侍奉皇上尽到了忠，就会留名千古，这样，我就是死了，又有什么好遗憾的呢？"于是王义方就尽忠尽责去弹劾李义府了。果不出所料，唐高宗认为他毁谤朝廷大臣，就把他贬到偏远的莱州去了。

王义方的母亲，实在是位有操守讲忠义的母亲啊！历史上王陵的母亲知道汉朝将会兴盛，面对使臣勇敢地伏剑自尽，宁死也要成全儿子的忠诚。故事中王义方的母亲亦效法古人，虽然事情的最终结果无济于事，但这对母子的忠心，却是亘古常新，昭示后人。

王义方母，勉子忠君。立名千载，死亦欢欣。

◇**原 文**

唐，高叡为赵州刺史。默啜攻陷其城。叡仰药不死，与妻秦氏同被执。默啜示以宝刀异袍，曰：『尔降，赐尔官。否且死。』叡视秦氏，秦曰：『君受天子恩，城不能守，乃以死报，分也。若受贼官，虽阶一品，何荣之有？』夫妇皆瞑目不语。默啜知不可屈，杀之。

吕坤曰：『高叡仰药，固慷慨杀身之志也。乃被执而迫以利害，有徘徊心焉。向非秦氏以大义决之，安知不失身二姓乎？不为威怵，不为利诱，此大丈夫事也，乃妇人能之，呜呼，烈矣！』

◇**白 话**

唐朝的高叡是赵州的刺史（刺史：原为巡察官名，东汉以后成为州郡最高军政长官，有时称为太守）。突厥国王默啜攻陷了赵州城（突厥：公元六世纪以后游牧于金山即阿尔泰山一带的突厥汗国，隋代后分裂为东、西突厥）。高叡喝下毒药却没死成，就和妻子秦氏一起被抓了。默啜拿出宝刀和名贵的袍子给他看，说："如果你投降，不仅可以得到这些财物，还可以立马当上不小的官位，如果反抗……哼！死刑伺候！"死亡面前，高叡真的胆寒了，他看看妻子，带着询问的目光，没想秦氏却正气凛然地对他说："你受着皇帝的恩典，却没能守住城池，这本已理应以死来报答，这也是分内的事。如果接受了敌人的官爵，即使做到一品高官，又有什么好荣耀的？"高叡受到了鼓舞和震撼，于是夫妻二人都闭目不语。默啜知道没法让他们屈服，就把他们都杀了。

城池失陷后高叡喝下毒药，本来是想杀身殉国的。等到被抓住，诱迫以利害之时，他心中就开始犹豫起来了。这时如果不是妻子秦氏向他讲明大义，也许他就真的投降了。不畏威胁，不受利诱，这是大丈夫应该做到的，却被一个女人先做到了，这女子真是个英雄呀！

秦氏被执，忠告高贇。以死报君，瞑目待毙。

◇ **原文**

南唐，刘仁赡镇寿春。周师攻城，仁赡誓死守。幼子从谏泛舟私出，冀得自全。仁赡按军法斩之。监军求救于刘妻薛氏，薛曰：『妾非不爱子，然法不可私。若贷其死，则刘门为不忠。妾何面目见将士乎？』趣斩之。然后哭成服。城陷，仁赡战殁，薛氏绝粒而卒。

人莫不爱其子，亦莫不爱其身。忠臣既不爱身，何况其子？论者或谓子死不救，似伤乎仁，抑思仁以义行，此杀身所以成仁也。薛氏之言，非特全刘门之忠，且可厉将士之忠矣。

◇ **白话**

南唐有个叫刘仁赡的军官，镇守在一个叫寿春的地方。后来，后周的军队前来攻城，仁赡誓死坚守。但仁赡的小儿子刘从谏却是个贪生怕死的孬种，竟私自坐船逃跑了。刘仁赡把他抓回来，严格按照军法要将他斩首。监军官闻讯后赶紧跑去向刘仁赡的妻子薛氏求救。薛氏说："我不是不爱自己的孩子，但是军令如山，任何人在它面前都不能舞弊徇私。如果免了那混账东西一死，那么我们刘家就是不忠了。这样，我又还有什么脸面去见全军将士呢？你们还是把他快快杀了吧！免得我看着揪心！"随后薛氏痛哭了一场，穿了白衣白裤到儿子坟前拜祭。后来城池终究失陷，刘仁赡阵亡，薛氏也绝食而死了。

从人性的角度看，世上没有一个人是不爱自己孩子的，也没有一个人会不爱自身。忠臣既然连自己的身体都不可惜，何况是自己的孩子呢？有的评论者认为儿子都快死了也不去救，这似乎伤害了仁爱道德，但若是考虑到仁爱必须遵循道义才行得通，那么薛氏夫妇的做法就是杀身成仁、为国尽忠。特别是薛氏的那一番话，不只成全了刘家的忠义，也足以激励全军的将士为国效忠。

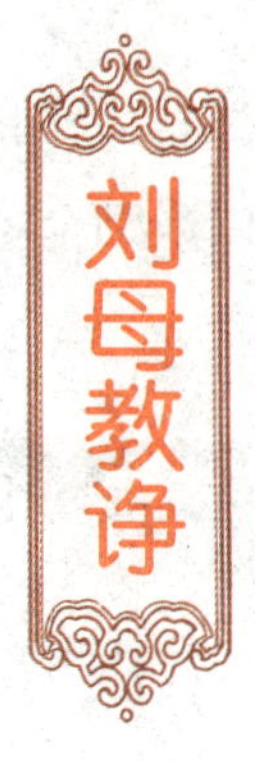

◇ **原 文**

宋，刘安世初除谏官，白母曰：『朝廷不以儿不肖，使居言路，如有触忤，祸谴立至。若以母老辞，当可免。』母曰：『不然。吾闻谏官为天子诤臣，汝幸居此职，当捐身以报国恩。使得罪流放，无问远近，吾当从汝所之。』安世受命，正色立朝，面折廷争。人目之为『殿上虎』。

人臣身居言路，自当明目张胆，以身任责，所谓在职言职也。安世之母，以捐身报国望其子，可谓知大义矣。

◇ **白 话**

宋朝的刘安世是朝廷官员。当初，皇帝任命他做谏官时，他曾跑去禀告母亲说：“朝廷让我担任进言规谏的官职，这个官职很容易触犯当朝大臣，招致杀身祸患。但如果现在我以母亲年迈为由辞去这一官职，还来得及。”母亲说：“你说得不对。我听说所谓的谏官，就是皇帝身边直言规谏的臣子，你有幸得到这一官职，应当舍身来报答皇上的恩典才对。即使以后你得罪了权贵获罪被流放他地，无论你流放到多远，老母我都会一路跟过去。”听母亲这么讲，刘安世欣然接受了任命，从此铁面无私地站在朝廷上，每每大臣们或皇上有了过失，总是直言极谏，据理力争，官员们看到他，都感觉殿上站着的不是一个人，而是一头威风凛凛的老虎。

身居谏官之职，就应当理直气壮，尽心尽职，这就是所谓的“在其位谋其政”。故事中刘安世的母亲，为了劝勉儿子，竟能以舍身来报效国家，也真可以说得上是深明大义的人了。

刘安世母，训子捐身。
谏官尽职，天子诤臣。

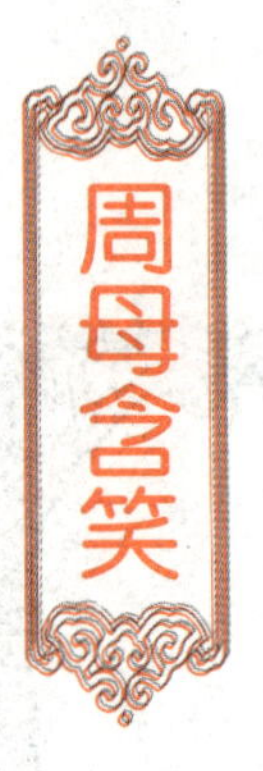

◇ **原 文**

明，周遇吉母早寡。李自成反，遇吉总镇代州，兵少食尽，救援不至，乃跪母前痛哭。母曰：『此何如时？尔尚归家作楚囚泣耶！』遇吉曰：『儿稍刻即舍身报国，惟母难舍。』母怒曰：『尔为忠臣，吾得为忠臣母，流芳千古，含笑见尔父于地下矣。』麾使出。城陷，遇吉巷战死。母自焚。

人当乱世，忠孝每不能两全。周遇吉忠矣，而其母尤忠。城陷子死，犹与遇吉妻刘氏，率妇女同登山巅公廨屋上以射贼，矢尽乃纵火自焚。阖门尽忠，流芳千古矣。

◇ **白 话**

明朝时候，有个叫周遇吉的，很早就死了父亲，母亲含辛茹苦把他抚养成人。李自成起义时，周遇吉正镇守着代州，兵少粮尽，救兵又迟迟不来，周遇吉心灰意冷地跑回家，跪在母亲面前就悲痛地哭了起来。母亲责备他说：“都什么时候了，你还有时间回家来像楚国的囚徒一样痛哭呢？”遇吉回答说：“一会儿孩儿就要舍身报国了，死我不怕，只有母亲您让我割舍不下啊。”周母大怒道：“你做忠臣，我就能做忠臣之母，为国捐躯，流芳千古，我又有什么遗憾去见你地下的父亲呢？”说完也不看他，挥挥手就叫他出去。城池失陷后，周遇吉一直巷战至死，周母听后，毅然挺身而出，跟敌人作战，直到所有的箭放光了才自焚而死。

人在乱世之时，忠孝往往是无法两全的。周遇吉已经够忠了，而他母亲呢，则比他更忠。城池失陷、儿子战死，她还同媳妇刘氏一起，率领村里的妇女们登上衙门的屋顶去射杀敌人。箭射光了，再也没有什么武器来战斗了，才放火自焚。周氏一家都尽忠报国，真是流芳千古啊！

周遇吉母，勉子忠君。
登屋射贼，矢尽自焚。

◇ **原 文**

周，楚，斗谷於菟字子文，为令尹。缁布以朝，鹿裘以处，日晦而归食。朝不及夕，以忧勤社稷。成王每朝，设脯糗以羞之。及出禄，必逃。当斗般杀子元时，子文自毁其家，以纾国难。三仕无喜色，三已之，无愠色。旧令尹之政，必以告新令尹。孔子称其忠。

患得患失，固鄙夫所为，无论矣。乃至于三仕无喜，三已无愠，其中心坦白为何如乎？且非特无愠也，必将旧日已所行之政事，一一告诸新任，人能如子文之处处以国事为重，尚何权利思想之有哉。

◇ **白 话**

周朝时，楚国斗伯比有个儿子叫斗子文，因为出生的时辰不吉利，刚生下来就被丢在梦泽这个地方。老虎见他可怜，给他奶吃，他才得以活了下来。因为楚国方言中“乳”读作“谷”，“老虎”读作“於菟”，所以人们又把斗子文叫作“斗谷於菟”。斗子文成人后做了宰相，他勤勉朝政，每天总要忙到天黑才回家吃饭，只要人们看到他，他一定是在忧虑、思考着国家大事。因为他经常废寝忘食，楚成王每次上朝，都要准备好一些干粮干肉给他。成王要给他俸禄，斗子文说什么也不要，再给，就逃得远远的，直到成王不再坚持才回来。后来宫廷发生政变，有个叫斗般的杀了成王的弟弟子元，斗子文就变卖所有的财产来帮助国家度过灾难。斗子文先后三次被命为宰相，三次被解除职务，无论是任命还是解职，每一次他都非常平静，从不喜形于色或怒形于色。尤为难能可贵的是，当他被解除职务时，他总是把做宰相的施政方针全部告知新任的宰相。正因为这样，就连大圣人孔子都称赞他的忠心。

患得患失，本就是浅薄之人的作为。而能够三次任命和解职都安然淡定，他的内心该是何等的坦荡清白！况且免职时他不但不生气，还将旧日自己所施行的政策方针一一告知新任者，如果人人都能像斗子文这样，哪里又还有为权力与名利互相倾轧的事发生呢？

令尹子文，三已无愠。旧政告新，去留随分。

◇原　文

周，楚庄王筑层台，延壤百里。大臣谏者皆死。有诸御己者，违楚百里而耕。谓其耦曰：『吾将谏王。』其耦曰：『吾闻谏人主者，皆练达之士。今子，老农耳，何谏为？』御己曰：『若与余并耕，则比力也。至于说人主，不与子比智矣。』委其耕而入谏，楚王善之。遂解层台而罢民役。

楚人之歌曰：『薪乎莱乎？无诸御己，讫无子乎。莱乎薪乎？无诸御己，讫无人乎？』楚人感之切骨如此。盖苦役劳民，莫斯为甚。谏者且死，谁复敢言。而一农夫，卒能谏止之，孰谓君国事，小民无与乎？

◇白　话

周朝时候，楚庄王建了一个很高的台，那个台绵延上百里，台将要建好时，庄王看着巍峨的建筑，下令凡是当时劝谏不要筑台的大臣全要处死。消息传来，有个叫诸御己的正在田里耕种，他对同伴说：“不行，我要去规劝楚王才对。”同伴说：“我听说规谏国王的，都是谙练人情、通达事理的人。你一个庄稼汉，能劝谏什么呢？”御己回答：“要说种田，咱俩能力相当，至于去劝说国王，我可要比你强多了。”说完丢下耕具入朝去规谏楚王。他娓娓道来，对事情条分缕析。楚王被他说服了，马上就停止了筑台，并免掉了无数百姓的劳役。

正因为这样，楚国有首歌谣唱道：“是薪火吗？是柴草吗？如果没有诸御己，最终也没有你了吧？是柴草吗？是薪火吗？如果没有诸御己，最终谁也不会留下来了吧？”从这首歌谣中可以看出，楚国人对他是多么感激呀。确实，古代的苦役劳民，没有比楚王造台更严重的了。而且，连劝谏的人都被处死了，谁还敢站出来再说话呢？但诸御己做到了，因此，谁又能说国家大事小小百姓就不能参与不能干预了呢？

老农御己，谏筑层台。
庄王罢役，民歌薪莱。

史鳅正君

◇ **原文**

周，卫，史鳅字子鱼，仕为大夫。灵公不用蘧伯玉而任弥子瑕，史鳅骤谏不从。病将卒，命其子曰：『吾生不能正君，死无以成礼，置尸牖下。』灵公往吊，怪而问之，其子以父言对。公愕然曰：『寡人之过也。』于是进伯玉而退子瑕。孔子闻之曰：『直哉子鱼！既死犹以尸谏。』

◇ **白话**

周朝时，卫国有个叫史鳅的，当官当到了大夫这个职位（大夫：各个朝代所指的内容不尽相同，有时可指中央机关的要职，如御史大夫、谏议大夫等）。当时的国君卫灵公是个糊涂人，他不用贤人蘧（蘧，音qú）伯玉却重用奸臣弥子瑕，史鳅心内焦急，屡次劝谏，卫灵公就是不听。后来史鳅得了重病，快要死了，他嘱咐儿子说："我活着没法纠正君王的过失，死后也没必要按礼法来埋葬，把我的尸体放在窗户下就行了。"史鳅死后，卫灵公前去吊唁，看到尸体竟然放在窗户下，感到十分奇怪，就问他们这是为什么。史鳅的儿子就拿父亲临终前说的来应答。卫灵公惊愕良久，突然就顿悟到了什么，慢慢地说："这确是我的过失呀。"回到宫后，就把奸臣弥子瑕辞退了，改用蘧伯玉。孔子听说了这事，感叹地说："史鳅真是忠直之人啊！就是死了，还要用尸体来一次最后的进谏。"

史鰌直谏，生死怀忠。
置尸牖下，卒悟灵公。

◇ **原 文**

汉高祖为沛公时，与项羽会宴鸿门。羽有杀沛公意。项庄拔剑舞，其意常在沛公。樊哙带剑拥盾入，瞋目视羽，头发上指，目眦尽裂。羽曰：『壮士！』赐之卮酒，一生彘肩。哙立饮啖之。羽曰：『复能饮乎？』哙曰：『臣死且不避，卮酒安足辞？』沛公欲亡去，哙力护之，遂脱归灞上。

◇ **白 话**

汉高祖刘邦还没做皇帝时叫沛公，他驻军在灞上，和另一个将帅西楚霸王项羽两军对垒，争夺天下。一天，应西楚霸王项羽的邀请，刘邦前往鸿门参加宴会。项羽已有杀掉刘邦的打算。他手下的项庄也做暗号，故意挥剑起舞，意思是叫项羽抓住时机把刘邦杀了。沛公手下有个将领叫樊哙（哙，音kuài），他察觉到宴会上的气氛很不对，看到项庄的舞剑，知道其意在于沛公，便赶紧提着宝剑，拿着盾牌闯了进去，怒气冲冲地逼视着项羽，头发一根根向上竖起，怒眼圆睁，眼眶瞪得几乎都要破裂了。项羽看到樊哙这模样，知道这个人不好糊弄，就故意缓和气氛，叫道："好一位勇士！"赏给了他一樽酒、一只生猪的肩臂。樊哙站着，把酒一口饮完，又拿起刀子，把生肉割下，三下两下就吃完了。项羽赞叹说："真是壮士啊！请问壮士还能再喝一杯吗？"樊哙不屑地回答："我连死都不怕，一樽酒又算得了什么？"酒席间的这种紧张气氛，微妙而处处掩饰，沛公这才感觉到了危险，想到再呆下去势必凶多吉少，便找了个机会，抄小路逃走了。一路上樊哙尽力保护着他。就这样，刘邦才得以脱身，回到了灞上自己的军营里。

樊哙护主，直闯鸿门。发指眦裂，生啖肩豚。

许杨械解

◇ **原　文**

汉，许杨，汝南人。郡有鸿却陂，久毁，太守邓晨欲修复其功。闻杨晓水脉，召与议之。因起塘四百余里，民得其便。初，豪右谮杨受赂，晨收杨下狱，而械辄自解。狱吏白晨。晨曰：『果滥矣。我闻忠信可以感灵，今其效乎。』即夜出杨。是时天晦，道中若有火光照之，时人异焉。

◇ **白　话**

汉朝的许杨是汝南人。汝南郡里有一道蓄水的鸿却陂，因时间久远，陂道早已毁坏。当时的太守邓晨一心要修复它，重新发挥它的作用。他听说有个叫许杨的人懂水利，就请他来和大家一起商议。许杨根据地势，在那里修起了一条四百多里长的塘岸，灌溉良田、牲畜取水，老百姓都得到了许多好处。但刚刚建塘岸的时候，汝南当地的一些土豪劣绅诬陷许杨在修塘过程中接受了贿赂，说得有证有据，邓晨就把许杨投进了监狱。奇怪的是刑具一给许杨戴上，那刑具就自动解开了。再戴，又再解开。监狱官把这个奇怪情况报告了邓晨。邓晨吃惊道：“难道果真是冤枉他了？我听说，忠义诚信是能够感动神明的。莫非许杨的情况就是一个很好的应验？”当夜就把许杨放了。当时天已完全黑下来，但路的上空总像有一束火光一直照着许杨走路，当时的人都感到很诧异。

许杨忠信，屡次感灵。下狱械解，道晦光荧。

张纲埋轮

◇原 文

汉，张纲字文纪。少明经学，负气节。顺帝朝，为御史。与杜乔、周举、周栩、冯羡、栾巴、郭遵、刘班八人，分行州县，表贤良，察贪污。乔等受命之部，纲独埋其车轮于洛阳都亭，曰：『豺狼当道，安问狐狸？』遂劾奏大将军梁冀、河南尹不疑等奸恶十五事，书奏，京师震竦。

先君曰：『张文纪，骨鲠直臣也。因劾梁冀等无君之心，冀思中伤之。适广陵剧贼张婴作乱，遂出为太守。文纪单骑诣婴垒，剀切劝谕，婴率所部万余人归降。惜任职未几，遽而病终，不能久扶社稷耳。』

◇白 话

汉朝的张文纪，小时候就懂经书，气节忠直。他当御史时（御史：此处应指侍御史，管纠察），有一年，和杜乔等八人奉旨到各地州县去视察，表彰贤良正直，检举贪赃枉法。杜乔等人接受了命令，就到自己分管的州县上去了，只有张文纪不动身。他把自己坐的车子的车轮埋在洛阳的都亭下面，说："现在当朝权臣们的问题都还没解决，州县里的事不过是小事。就像豺狼正在大道上横行，哪有时间先顾及去追打狐狸呢？"于是就弹劾起当朝将军梁冀、河南太守尹不疑等人作奸犯科的十五件事来。奏疏递上后，京城大受震动，人人都受到了威慑。

张文纪真是一位耿直大臣。因为他弹劾梁冀等人目中无人，心无皇上，梁冀怀恨在心，一心要报复他，正赶上广陵大寇张婴作乱，梁冀便诬告他也计划造反，结果张文纪被流放到广陵。在广陵，张文纪又一人骑着马来到叛军张婴的堡垒，恳切地招降，晓以大义。张婴被说动了，率领部下一万多人前来投降。可惜张文纪到广陵任职没多久就病故了，不能长久地治理国家。

张纲受命，独埋车轮。奏劾梁冀，忠直罕伦。

钟雅独侍

◇ 原文

晋，钟雅，字彦胄。少有才志，累迁至侍中。苏峻既至石头，百僚奔散，惟雅独在帝侧。或谓雅曰：『见可而进，知难而退，古之道也。君性亮直，必不容于寇仇。何不用随时之宜，坐待其毙耶？』雅曰：『国乱不能匡，君危不能济，而各逊遁以求免，吾恐董狐将执简而进矣。』

◇ 白话

晋朝的钟雅，小时候就很有才华，胸怀大志，后来官一直做到了侍中（侍中：“侍郎”为宫廷近侍。后来把侍从皇帝左右、地位渐高、超过了侍郎的等级，称为“侍中”。魏晋以后，往往成为事实上的宰相）。那时苏峻造反，叛军一直打到了南京。文武百官纷纷逃走，只有钟雅独自守护在皇帝身边。有人对钟雅说：“看到情势不错就挺身上前，知道事情危难就退却而走，这是古人的为人之道。您性格磊落，刚强正直，一定不会见容于贼寇，为什么不相机行事，及时退避，却要坐以待毙呢？”钟雅回答说：“国家发生了动乱却不去制止，皇上有了危险却不去扶助，都各自设法遁身逃去，我怕有正直的史官在史册上记下这些不忠的行为，遗臭万年啊。

侍中钟雅，亮直刚方。百僚奔散，独在帝旁。

◇ **原 文**

北齐，裴谒之，字士敬。少有志节，好直言。文宣帝末年昏纵，朝臣罕有言者。谒之上书正谏，言甚切直。帝将杀之。白刃临颈，辞色不变。帝曰：『痴汉何敢尔？』杨愔曰：『此子望陛下杀之，以收后世名。』帝投刀曰：『小子望我杀尔以取名，我终不成尔名也。』遣人送去。

历代忠臣，以杀身成名者多矣。然在忠臣，初无成名之心也。谒之白刃临颈，辞色不变，何尝有取名之心乎？特杨愔欲救之，故为此言耳。文宣帝亦不愿自侪于桀纣，而谒之卒以成名，千古不朽矣。

◇ **白 话**

北齐的裴谒之，从小就有志气和操守，喜欢仗义执言。文宣帝晚年时昏庸放纵，又脾气暴躁，满朝大臣很少有敢说他的。只有裴谒之，却勇敢地上了一封奏书规谏他，言辞正直，直率而中肯。皇帝一读，大为生气，当即就要杀了他。叫人拿着白刃架在裴谒之脖子上，但裴谒之眼不跳，心不慌，说话从容镇定，跟平时没什么两样。皇帝问他："你这个呆子！别人都不敢说本王，你为什么就随意上奏？"有个叫杨愔（愔，音yīn）的，知道裴谒之的为人，有意救他，就在旁边故意插话说："哼！依我看，这个呆子是等皇上亲手拿刀杀了他，好给自己留下万世名声呢。"文宣帝一听，将刀"咣啷"一声扔到地上说："你小子企望我杀你以博取好名声，呸！我偏不成全你！"于是派人把他押了下去。

历代忠臣，因为被杀而成名的人很多了。但任何一个忠臣起初进谏时，却都是没有成名的心思的。谒之在白刃架脖之际，言语、脸色都丝毫不变，他哪里就会有博取名声的心思呢？杨愔那么说，也只是应用了激将法而已；文宣帝最终没有杀掉他，那大概是在拿刀的瞬间他想到自己不能归于暴君桀纣之流，所以这个故事的结局，也算是各留美名了。

谒之正谏，言直志高。临刃不变，齐帝投刀。

处俊至忠

◇ 原 文

唐，郝处俊，因高宗观音乐，使雍王贤主东朋，周王显主西朋，角胜为乐，乃以推梨让枣谏。上以为远识。上苦风眩，议使天后摄政。处俊曰：『魏文帝着令，虽幼主不许皇后临朝，以杜祸乱。奈何不传之子孙，而委之天后乎？』中书侍郎李义琰曰：『处俊之言至忠。』上乃止。

◇ 白 话

唐朝时候，有个叫郝处俊的，是个朝廷官员。一次，高宗欣赏音乐时，叫雍王李贤主持东边的乐队，叫周王李显主持西边的乐队，让他们双方来比赛争胜。郝处俊觉得这样不妥，有失团结，就拿古人推梨让枣、兄弟友爱的故事来劝谏高宗。高宗十分赞许，认为他见识远大，从此对他格外看重。高宗素有头晕眼花的毛病，每次发病时都非常痛苦，就和大臣们商议，想退居幕后，让年轻的武则天皇后代他管理国家大事。郝处俊说：“微臣听说，以前魏文帝曾下过一道命令，即使国君再怎么年轻，也不允许皇后掌握大权、管理国家，这样做，可以杜绝可能带来的种种祸乱。现在皇上您身体不适，为什么不将国家大权传给子孙，却要交给武后呢？”中书侍郎李义琰也说：“处俊的这一番话，是很忠心为国的。”高宗觉得有理，因此打消了原来的念头。

唐郝处俊，谏分二朋。议后摄政，竭力纠绳。

◇原 文

唐，狄仁杰好面折廷争，高宗每许之。武后僭政，亦屡屈意从其谏奏焉。后谓曰：『卿在汝南，甚有善政，欲知谮卿者乎？』答曰：『陛下知臣无过，臣之幸也。不愿知谮者名。』每入见，武后常止其拜，曰：『每见公拜，朕亦身痛。』及薨，武后泣曰：『朝堂空矣。天夺吾国老何太早耶！』

◇白 话

唐朝的狄仁杰喜欢在朝廷上据理力争，当面劝谏皇帝，政见正确，有理有据，唐高宗常常对他的意见很赞许。武后武则天篡权后，虽专政独断，但也每每折服于他的精辟见解，听从狄仁杰的劝谏。有一回，武后对他说：“你在汝南有很好的政绩，但我耳朵边却不时有舌头在背后诬告你，想知道那都是谁的舌头吗？”狄仁杰从容地回答说：“只要皇上认为我没有错，我就深感幸运了。至于那些无中生有的小人，我不想知道他们的名字。”每次晋见，武后总要阻止他下拜，并发自内心地对他说：“每次见你下拜，我也感到身子疼了起来。”等到狄仁杰死了，武后哀伤地哭着对人说：“自仁杰去后，朝廷就显得空空荡荡了。老天啊，为什么这么早就把我的元老给收回去了呀？”

仁杰直奏，面折廷争。武后止拜，问以谮卿。

◇原 文

唐，张嘉贞，历秦梁二州都督，政以严办。或告其反。按无状。帝令坐告者。嘉贞曰：『恐塞言路，且为未来之患。』帝以为忠，迁中书令。嘉贞虽贵，不立田园。有劝之者，答曰：『近世士大夫，务广田宅，为不肖子孙酒色费，我无是也。』子延赏、孙宏靖，皆同平章事。时号『三相张家』。

玄宗令坐告者，理所当然也。乃以恐塞言路止之，其忠不可及矣。至不立田园，步武孔明之法。

◇白 话

唐朝的张嘉贞，历任秦州、梁州二地的都督（都督：军事长官或领兵将帅的官名，有的朝代地方最高长官亦称“都督”），行政措施一直非常严厉。有人告发他造反，皇帝派人去考察，并没有那么回事，便下令将诬告者办罪。嘉贞却反而说：“这样做不妥，只怕堵住了进言劝谏的渠道，此后再没人敢说话了，还是算了吧。”皇帝认为他不但忠心，而且也大度宽容，就把他提拔为宰相。嘉贞虽然出身显赫，却非常淡漠钱财，从不置办田地房舍。有人劝他为后代考虑考虑。嘉贞回答说：“近代以来，不少当官的人都想着置办田宅留与子孙，殊不知这恰恰只会害了他们。我才不做这样的蠢事呢。”他的儿子、孙子都当上了副宰相，当时人都称赞他治家有方，送他家一个雅号，叫“三相张家”。

唐玄宗下令将诬告者办罪，这是理所当然的事，嘉贞却怕堵住进言劝谏的路，阻止皇帝这样做，他的忠心和气量是一般人无法企及的。至于他不肯置办田宅，这就跟历史上流芳百世的孔明先生一样吧！

嘉贞虽贵，弗立田园。恐塞言路，不坐诬言。

◇原 文

唐，韩休性峭鲠。及为相，守正不阿，甚允时望。玄宗尝猎苑中，或大张乐，必视左右曰：『韩休知否？』已而疏至。尝引槛，默不乐。左右曰：『韩休为相，陛下无一日欢，何不逐之？』帝曰：『吾虽瘠，天下肥矣。萧嵩顺旨，吾退不安。韩休力争，吾退乃安。吾用韩休，为社稷耳，非为身也。』

韩公为人峭直，不干荣利。萧嵩荐休志行，遂拜黄门侍郎同平章事。初，嵩以休柔易，故荐之。休临事或折正嵩。凡时政得失，言之未尝不尽。宋璟闻之曰：『不意韩休乃能如是，所谓仁者之勇也。』

◇白 话

唐朝的韩休性格耿直，为人端正。待当上了宰相，仍深孚众望，刚正不阿。他的正直，就是当朝皇帝也怕他几分。唐玄宗这人喜欢玩乐，有时在宫中园子里打猎或大张鼓乐游玩嬉赏时，也不免环顾左右，悄声问周围人："今天的事韩休知道不？"若当天的嬉戏玩乐被韩休知道了，过不了一小会儿，他的奏疏是肯定会上来的。有一回，唐玄宗拿着镜子左照右照，一言不发，闷闷不乐的样子。身边的人看见了，问道："皇上是因为韩休么？我看他做宰相一天，皇上就没舒畅过一天，既然如此，皇上倒不如赶了他走呢！"皇上"唉"了一声，回答说："算了，瘦了我一个，胖了天下人。宫里不是有个很顺从我旨意的萧嵩吗？每次看他那么顺服我的意旨，虽然当时我心里高兴，但回去后一想，反倒不安起来；每次韩休跟我据理力争时，虽然当时我很不开心，但回去后再想想，心里反而踏实安然了。我任用韩休，是为国家打算，而不是为我自身啊。"

韩休为人正直，淡漠名利。当初萧嵩举荐韩休时，是看上韩休性格温柔为人平易才推荐的。没想韩休做上宰相后，每次讨论政事时他都据理力争，凡是认为不对的，哪怕是对他有恩的萧嵩提出来的，他也总是知无不言、言无不尽。韩休的这些品质，就连名人宋璟听说了，都感叹道："没想到韩休还能这样，他真是拥有了仁爱者所有的勇敢和英气呀。"

韩休为相，玄宗无欢。言之必尽，帝退乃安。

廷玉何悔

◇ **原 文**

唐，蔡廷玉，昌平人。德宗时，朱泚为幽州节度使，谋不轨。廷玉在幕府，不从，被囚岁余。出之，泚曰：『而今亦悔乎？』廷玉曰：『导以为逆，即悔。勉以忠义，何悔之有？』复系之。问曰：『能省过否？不尔且死。』廷玉曰：『不杀我，公得名。杀我，我得名。』泚不能屈，待之如初。

◇ **白 话**

唐朝的蔡廷玉是昌平人。唐德宗时，当幽州节度使的朱泚图谋造反（节度使：唐朝在重要地方设置的总管数州军事的长官），蔡廷玉当时正在朱泚手下做幕僚，不肯跟着造反，就被朱泚关进了监牢，一年多才把他放出来。朱泚问他："你现在该改悔了吧？"廷玉回答说："我如果是劝你造反的，那现在当然应该改悔。而我是劝你要忠义的，我有什么好改悔的？"朱泚又把他幽禁起来，问他："现在你能反省自己的过错不？不反省就把你处死。"廷玉却仍铿锵有力地回答说："你不杀我，你会留下好名声；今日你杀掉我，是我会留下好名声。"结果朱泚杀他也不是，不杀他也不是，始终没法让他屈服，只好还像从前一样对待他了。

唐蔡廷玉，不轨不从。
忠义何悔，下狱从容。

韩琦撤帘

◇ **原　文**

宋，韩琦为相，喜愠不见于色。仁宗崩，英宗年幼，曹太后临朝，两宫交构。琦决大策以安社稷。琦欲太后撤帘还政，乃取十余事禀上，上裁决悉当。琦即诣太后覆奏，后每事称善，琦因求去，后曰：『相公不可去，我当居深宫耳。』遂起，琦即厉声命撤帘，帘落，犹见后衣也。

韩公处危疑之际，知无不为。或曰：『公所为诚善，万一蹉跌，身家不保。』琦曰：『人臣尽力事君，死生以之。至于成败，天也。』闻者悚服。王安石创新法，议开边，琦上疏力谏。上曰：『琦真忠臣，虽在外不忘王室。』

◇ **白　话**

宋朝韩琦做宰相时，不苟言笑，从不露任何喜怒哀乐。仁宗皇帝死时，英宗还年轻，曹太后就垂帘听政。英宗和曹太后历来不和，从此朝廷常有搬弄是非的事发生。韩琦决计改变现状，好让太后撤帘回后宫，把权力还给英宗。他拿了十多件事禀奏英宗皇上，英宗皇上都处理得很适当。韩琦又到太后那里去复奏，太后也对皇上处理的每件事都叫好。韩琦就对太后说："你看，皇上已能独立处理政事了，依我看，微臣这把老骨也该罢官，安心回家喽。"曹太后说："使不得，使不得。如果连你都闹着罢官回家，那我这个老媪也该退位回宫了。"说着就站了起来。韩琦见机，容不得太后反悔，马上大声对众人说"太后要退位回宫了"，便叫人撤去了布帘，帘子收下时，还能看见曹太后的衣服呢。

韩琦处在危急并容易招人生疑之时，凡是知道自己该做的事，是一定马上去做的。有人劝他说："您的所作所为当然很好，但万一出了差错，跌了一跤，您的性命恐怕就保不住了。”韩琦回答说：“做人臣子，就该尽心尽力为皇上分忧解难才是，一日为官，生死不顾。至于事情的成败，那就要看天意了。”那人听了这话，既震惊又佩服。后来王安石当宰相创立新规，讨论是否要开垦边疆。此时身在外地的韩琦立即上了一封奏疏，竭力劝阻。皇上感叹道：“韩琦真是一位忠臣啊。即使身在外地还牵挂着国家。”

韩琦为相，奏对方严。请后还政，厉声撤帘。

富弼防意

◇ **原　文**

宋，富弼守口如瓶，防意如城。受命使契丹，闻一女卒，再往，闻一男生，皆不顾。得家书，未尝发，辄焚之。曰：『徒乱人意。』上屡迁屡辞。以司空致仕，深居不出，谢客。年八十薨，谥『文忠』。

◇ **白　话**

宋朝的富弼说话谨慎，意志坚定，为了勉励自己，他在自己座旁的屏风上写上“守口如瓶，防意如城”八个字，一抬头、一进门就能看到，以此来激励自己坚持一生。一次，他受皇上派遣，出使到契丹。在契丹，他听到家里自己的一个爱女死了，可任务在身，他忍住悲伤，硬是没有赶回家去吊丧；第二次出使契丹去，这回听说家里出生了一个小男孩，但任命在身，他纵然喜悦难耐，也还是没有赶回家去看望。每次收到家里的信，富弼还没拆开就把它们烧了，别人问他为什么，他说：“家里的来信固然重要，但念了，平白又增添许多思念之心，与其这样，不如不看也罢。”因为出使有功，皇上屡次要提拔他，他都推辞掉了。后来富弼官至司空就告老回家（司空：主管工程的官吏。西汉成帝时改御史大夫为大司空）。在家里，他闭门谢客，不肯外出，一直活到八十岁才去世。死后，皇上赐给他谥号，叫“文忠”。

富弼论事，忘杖独行。
家书不启，防意如城。

◇ **原 文**

宋，何昌世字正卿。高宗南渡时，任台州司理。时虏势猖獗，官吏望风遁去，昌世守职，迎驾入城。上问曰：『卿见为何官？』曰：『台州司理何昌世也。』慰劳再三，剪御衣尺许，书云：『朕南渡以来，事力未辨，独汝能尽忠为国，可执此为照，特改宣教郎。』除大理寺丞，终司农少卿。

一司理耳，而能于虏势猖獗，官吏皆遁之时，从容独力迎驾入城，其尽忠为国何如耶。况当南渡之秋，宋室存亡，危于累卵，设非孤忠接驾，则江山半壁，能否偏安，且难逆料。其剪衣诏之也宜矣。

◇ **白 话**

宋高宗南渡时，何昌世正担任台州的司法官。当时金兵的势力十分强盛，宋朝一大帮贪生怕死的官吏都闻风而逃，只有何昌世坚守自己的职责。高宗到来时，他独自一人，穿着朝服到城门去迎接他。皇上问他："你现在是什么官？"何昌世回答："我就是台州的司法官何昌世。"皇上大大勉励、慰劳了他一番，并剪下身上一尺大小的一块布，写上："我自南渡以来，尽力办事的人一个都没碰到，只有你能尽忠为国，现特改封你做宣教郎（宣教郎：即宣德郎，散职，从六品、正七品文官），持此为证。"后来何昌世又升做大理寺丞（大理寺丞：中央审判机关主官称卿，下设少卿、丞及其他官职），最终官至司农少卿一职（司农少卿：管粮食积储、仓廪管理及京朝官禄米供应的司农寺副长官）。

区区一名司农官，却能在金兵强盛、步步进逼、官吏全都遁逃之际，镇定从容独自迎接皇上进城，这是何等的尽忠报国啊！何况正当南渡之时，宋朝的存亡系于一线，危如累卵，假使没有何昌世忠心耿耿地迎接高宗，激励着高宗，南宋能否守住江南半壁江山都很难说呢。如此看来，高宗剪下衣角提升他也是很恰当了。

司理昌世，迎驾入城。尽忠为国，衣诏殊荣。

◇原　文

金哀宗自缢，权点检斜烈等从死，遗言焚幽兰轩。火方炽，城破，众皆遁，奉御完颜绛山独留。元兵入，执问故，曰：『吾君终于是，吾候火灭灰寒，瘗其骨耳。』兵曰：『若狂者邪？命且不保，能瘗而君邪。』曰：『果瘗吾君，虽寸斩不憾矣。』兵以告其帅。曰：『此奇男子也。』许其瘗而免之。

◇白　话

元军就要攻破京城的时候，金哀宗自己上吊死了，一帮侍从也跟着去死。他们死前，留下遗言要把皇帝吊死的幽兰轩放火烧了。火烧得正旺时，城就被攻破了，众人全逃走，只有一个叫完颜绛山的奉御官独自留了下来（奉御官：皇帝近侍）。元军进来后抓住他，问他为什么不逃生。完颜绛山回答说：“我的国君死在这里，我要等火灭了、灰冷了，好收殓埋葬他的尸骨。”元兵说：“你疯了吗？命都保不住了，你还想着收殓国君的尸骨？”绛山答道：“如果能让我收殓安葬我的国君，即使把我一寸一寸剐死，我也没有什么好遗恨了。”元兵把这事报告给他们的元帅听。元军元帅说：“如此忠烈，真是一名奇男子啊。”不但允许他收葬了国君尸骨，还免了他的罪。

完颜绛山，既忠且信。
奉命焚轩，瘗君余烬。

◇ **原 文**

明，易绍宗为象山县钱仓所千户。倭登岸剽掠。绍宗大书于壁曰：『设将御敌，设军卫民。纵敌不忠，弃民不仁。不忠不仁，何以为臣？』书毕，命妻孥具牲酒生奠之，诀而出，密令游兵间道焚贼舟。贼惊救。绍宗格战，追至海岸，陷淖中，手刃数十贼，遂被害。朝廷勒碑旌之。

尽忠报国者多矣。至大书于壁，自命妻孥生奠以诀，则上下数千年未之有也。其以卫民为心，仁矣。密令游兵间道焚舟，智矣。追贼海岸，陷淖中犹刃贼数十，勇矣。其妻携孤入奏，勒碑旌之，不亦宜乎？

◇ **白 话**

明朝时候，有个叫易绍宗的，是象山县钱仓所的千户（千户：明朝在全国实行卫所兵制。卫下设千户所，一所统兵一千一百二十人。千户是所的长官）。倭寇上岸抢劫，易绍宗就在墙上用大字写下：“设将御敌，设军卫民。纵敌不忠，弃民不仁。不忠不仁，何以为臣？”写完了，心里已作好与敌人决一死战的准备，就让家人准备好酒肉祭奠他，然后毅然踏上征程，带兵出击。他暗令兵士抄小路去秘密烧毁倭寇船只。倭寇惊慌失措回去救援，易绍宗伏在路旁和他们奋勇战斗。倭寇打不过他们就逃，易绍宗带领军队去追，一直追到海岸边，一不小心陷进了泥塘，就在陷进淤泥里出不来时还亲手杀死数十个倭寇，最后惨遭杀害。朝廷得知此事后，刻碑表彰他的功绩。

自古以来，能尽忠报国的人有很多很多，但在墙上写下大字、亲自让家人活祭自己来诀别的，则是前所未有。易绍宗将保卫百姓作为自己的动力，这是仁爱；暗中让兵士抄小路烧毁敌船，这是智慧；追击倭寇到海岸边、不慎陷入泥淖还杀敌数十名，这是英勇。他的妻子带着孤儿进京上奏，皇上下令刻碑表彰，这也是很应该的呀！

绍宗闻寇，大书壁间。命妻生奠，一去不还。

◇ **原文**

明，钟同幼入吉安忠节祠，见所祀欧阳修杨邦义诸人，叹曰：『死不入此，非夫也。』景泰间，官御史。因上疏论时政及沂王事。策马出，马伏地不肯起。同叱曰：『吾不畏死，尔奚为者？』马犹盘辟再四乃行。同死，马长号数声，亦死。英宗复辟，赠同大理寺丞，谥『恭愍』，祀忠节祠。

许止净谓赵襄遇刺，过桥马惊，侯景将败，马卧不起。至钟公之马，初欲救主于生前，终竟殉身于死后。方诸烈士，何以加焉？殆亦公忠义之气，有以相感者欤。斯人斯马，足以愧天下怀二心以事君者。

◇ **白话**

明朝时候，有个叫钟同的。钟同小时候到吉安去，看到忠节祠里供奉着欧阳修、杨邦义等人，很是敬佩，感叹道：“我将来死了，要是不能入祀这里，像他们这样受人供奉，就不是大丈夫。”景泰年间，他做了御史官。因为要上奏谈论已故皇太子沂王的事，钟同骑着马要到朝廷去，奇怪的是，那匹马却伏在地上，怎么也不肯向前走了，钟同喝骂道：“混账畜生！我都不怕死，你怕什么呢！”那匹马打着转，又踟蹰了老半天，才慢慢一步步朝前走去。奏疏送上去，果然，钟同因触犯权贵被判死罪。更怪的是，就要行刑时，那马儿朝天大声悲鸣了几下，突然就倒地死了。后来英宗复辟，重新做了皇帝，便追封钟同为大理寺丞，赐谥号“恭愍”，入祀忠节祠（大理寺丞：中央审判机关主官称卿，下设少卿、丞及其他官职）。

想当年，忠义之士赵襄遇刺前，过桥时所骑之马竟自己无缘无故惊叫着蹦起来；侯景将要失败时，骑的马也突然卧地不起；而故事中钟同的马，起初是想在其生前救主人，最后见主人已死，也跟着殉身了。这些马儿如此知忠义、通人性，就跟它们壮烈牺牲的主人一样啊。它们能这样做，大概是主人们的忠义气节感染了它们吧？如此之人，如此之马，足以让天下那些三心二意侍奉君主的人感到羞愧不已了。

钟同幼岁，志入忠祠。上疏死谏，马亦先知。

杨爵泰然

◇ **原 文**

明，杨爵，官御史，直言极谏。下诏狱搒掠，死而复苏。爵处之泰然。帝扶鸾宫中，感乩仙语，立出之。未逾月，复令东厂追执之。爵抵家甫十日，校尉至，与共麦饭毕，即就道。尉曰：『盍处置家事？』爵立屏前，呼妇曰：『朝廷逮我，我去矣。』观者为泣下。后以大高元殿灾，诏急释之。

许止净曰：『世宗昏庸暴戾，以奸邪为腹心，嫉忠良如寇仇。明之亡，盖基于此矣。爵等幸得神佑，至再至三。不然，已先张经、杨继盛而为冤死鬼矣。临终而大鸟至，爵或伯起之再来欤！』

◇ **白 话**

明朝的杨爵是朝廷的御史官（御史官：管督察官吏的官员），他处理政事严格，总是仗义执言，努力劝谏皇帝。一次，因进谏过密，皇帝动了怒，下令把他抓进监狱拷打一番，杨爵差点没被打死。后来苏醒过来，虽然身处监狱，却只见杨爵心中泰然，一点也不忧虑的样子。这样被关了很久，直到有一天，皇帝在宫中占卜时被道士的话语打动，才把他放出。没过一个月，皇帝却突然改变主意了，又下令追捕他。那时杨爵刚到家才十天，刚想安静一下，没想追捕的校尉就到了。不过杨爵也不急，留校尉一起吃完了饭，这才悠然跟着他一起上路。就要出发了，校尉说：“此去一别，不知什么时候才能回来了。你为什么不处理一下家事再走呢？”杨爵也不交待什么，只站在屏风前，喊了妻子一声，并平静地说：“朝廷来抓我，我要走了。”旁观的人知道杨爵平素的人品，都替他流下了难过的泪。后来，一直到宫里的大高元殿发生了火灾，皇上才急急下令放了他。

明世宗昏庸暴戾，把奸臣作为心腹，嫉恨忠

良如同敌人。明朝后来的灭亡，大概根源就在这里。杨爵等忠臣幸亏得到神明的保佑，才能两次、三次侥幸逃过一死。据说杨爵临终之际，有大鸟哀叫着从远处徐徐飞来，有人说，说不定他就是安葬前也有大鸟前来悲鸣的东汉大将伯起再世呢！

杨爵濒死，处之泰然。既释复逮，呼妇屏前。

◇ **原　文**

周，晋公子重耳与舅犯奔齐。桓公妻以齐姜，遇之甚善，有马二十乘，公子安之。子犯知公子之安齐也，欲行而患之。与从者谋于桑下，蚕妾在焉，告姜氏，姜杀之。言于公子，勉其以晋国为重，公子不动。姜以周诗喻之，公子不听。姜与舅犯谋，醉，载之以行。秦穆公乃以兵内于晋。是为文公，迎齐姜以为夫人，遂霸天下。

◇ **白　话**

周朝时，晋献公听信谗言，杀死了世子（世子：古代天子、诸侯的正妻的长子）。公子重耳就同舅舅子犯一起逃到了齐国。齐桓公待他很好，还把自己的女儿齐姜嫁给他做妻子。公子重耳有了安适的家，又有了尊贵的地位，就在齐国安心住下了。舅舅子犯看到重耳不思国事，苟且安生，心里很是担心，就和随从在桑树下商议，打算想个办法大家一起逃走。没想到一个养蚕女采桑时把这一切都听了去，回去后就告诉了齐姜。齐姜担心这事传出去肯定对公子不利，就把养蚕女给杀了。然后她就亲自跑去劝说重耳，告诉他不能苟且安生，还是要以晋国事业为重。重耳一点都不动心，齐姜就又念了一首诗给他听，诗里说："莘莘征夫，每怀靡及。夙夜征行，犹恐不及。"意思是劝他快点回国去拯救国家、建就功业。公子还是不听，齐姜就和子犯商议，拿酒把他灌醉，强行把他塞进车里载了回国去。后来秦穆公派军队把重耳送回了晋国，重耳继位后称为晋文公，重新迎娶齐姜做了夫人，终于成就了自己的千秋霸业。

齐姜重国，衽席为轻。谋于舅犯，醉夫以行。

虞娟谏君

◇ **原 文**

周，齐侯因齐立九年，不治政事。佞臣周破胡专权蒙蔽，即墨大夫贤，日毁之，阿大夫不贤，日誉之。齐侯夫人虞娟谏曰：『破胡谗谀，不可不去。』齐侯不听。破胡恨娟，中以罪。有司得破胡赂，诬其词，上之。齐侯以词不合，召娟自问，娟自引二罪再谏。齐侯察得实，乃封即墨大夫万户，烹阿大夫与破胡，励精图治，齐遂以强。

虞娟虑国之危殆，直言以谏，致遭小人之恨，几濒于死。而惓惓忠忱，十余年来，冀幸补一言以救国，未尝一日忘也。卒以自引二罪而再谏，虽死不恨，得悟君心，复强齐国。妇言之不可以已也如是夫。

◇ **白 话**

周朝时候，齐国国君叫因齐的，继位九年了，总是不问政事，大小一切事务都交由一个名叫周破胡的大奸臣，结果，周破胡独揽大权，为所欲为，事事都蒙蔽国君。那时有个即墨县，县里的县官很贤明，周破胡看不过眼，就天天在国君跟前毁谤他，而阿县的县官很昏庸，他却天天称赞他。国君的夫人虞娟是个明白人，看到这种情形，就去劝谏国君："周破胡专门喜欢阿谀奉承，是个大奸臣，一定要把他免职才是。"齐国国君不听。周破胡得知了这事，对虞娟起了怨恨之心，就捏造罪名恶意中伤她。审讯官收了周破胡的贿赂，也一齐诬陷她，捏造了供词上奏到国君那里。国君觉得供词前后不符，就亲自召来虞娟进行审问。虞娟自己承认了两条罪状，又再次劝谏国君，齐国君这才了解到真相，大大地觉悟了一些事理，当即就封给即墨县县官一万户户口俸禄，而把阿县大夫和周破胡放进大锅里煮了，从此勤勉政事，励精图治，慢慢地，齐国竟逐渐强大起来了。

虞娟直谏，惓惓忠忱。几濒于死，辛悟君心。

◇ **原 文**

周，楚将子发攻秦，绝粮，使人请于王。因使问母，母问使曰：『士卒无恙乎？』对曰：『分菽粒而食之。』又问将军无恙乎？对曰：『朝夕刍豢黍粱。』子发破秦归，其母不纳，使人数之曰：『昔勾践共醇酒，而战自五也；共糗糒，而战自十也。今士卒菽粒，子独刍豢黍粱，虽幸而胜，非其道矣。子非吾子也，无入吾门。』子发叩首谢，母乃纳之。

吕坤曰：『子发之母，善教子发哉！今之为子发者，滔滔也。不独士分菽粒，又从而剥削之矣；不独己食刍豢黍粱，又充溢于囊橐，狼戾于苞苴矣。噫！岂独将，将何足责哉！读此可愧也夫。』

◇ **白 话**

周朝时，楚国的将领子发率军攻打秦国，粮食吃完了，就派人回去向楚王请求接济，顺便让人到家里去问候母亲。母亲问派来的人："粮食吃完了，士兵们都还好吗？"来人回答："大家分着豆粒吃。"又问："你们的将军还好吗？"来人回答："这个请您放心，他从早到晚都有猪羊肉和精粮吃呢。"后来子发打了胜仗兴高采烈地回来了。奇怪的是，母亲竟不让他进家门，还派人数落他说："以前越王勾践和将士们分着酒喝，将士们的战斗力增强了五倍。他又和将士们分着粗粮吃，将士们的战斗力增强了十倍。而现在，你的士兵们分着豆粒吃，而你却独享着肉和精粮，虽然侥幸获胜，也是不符合道义的。你不像我的儿子，不要进我的家门。"子发跪在门口不停地叩头谢罪，母亲才开门让他进去。

子发的母亲，真是很会教育孩子啊。而今日的子发们，实在是太多了。他们不只让兵士们分食豆粒，而且还要从中盘剥利益；不只是自己独食肉和精粮，还要中饱私囊、收受贿赂呢。唉，今日的这些人，读了这则故事该感到惭愧才对吧！

子发之母，数子自私。叩首谢过，然后纳之。

陵母伏剑

◇ **原文**

汉，王陵始为县豪。高祖微时，兄事陵。及高祖起沛，陵亦聚众数千，以兵属汉王。项羽与汉为敌国，得陵母，置军中。陵使至，则东向坐陵母，欲以招陵。陵母私送使者泣曰：『为老妾语陵，善事汉王。汉王长者。无以老妾故，怀二心。言妾已死也。』乃伏剑而死。项羽怒，烹之。陵终与高祖定天下，位至丞相封侯，传爵五世。

吕坤谓陵母知兴之智，杀身之勇，皆士君子所难。

◇ **白话**

汉朝时的王陵，年轻时已是县里的英豪，汉高祖刘邦还没富贵起来时，一直把王陵当兄长看待。等到刘邦从沛县起兵，王陵也召集了几千人，率军跟随着刘邦。当时西楚霸王项羽和刘邦是敌对双方，楚军抓到王陵的母亲，把她扣押在军中。王陵派的使者到了，楚军就让他母亲朝东坐着，想要利用她来招降王陵。王陵母亲私下送别使者，哭着说："替老太婆我转告王陵，要好好侍奉汉王。汉王是个忠厚可敬的长者，让王陵不要因为我的缘故而有别样心思。你还可以告诉他，就说我已经死了。"于是就拔出剑，自刎死了。项羽知道这事后，非常生气，就把她放进锅里煮了。王陵最终与高祖一起打下了天下，官位做到了丞相，还封了侯。这个爵位一直传了五代。

王陵的母亲确实是个让人敬佩的人。她知道汉王将会兴盛，这是明智；为大义而敢于自杀，这是英勇，这些，就是深明大义的士大夫也难以做到啊！

王陵之母，知汉必兴。杀身固子，万世所称。

◇原 文

北魏，荀金龙守梓潼，兼主关城戍事。梁主遣众围攻，金龙在病，众甚危惧。其妻刘氏，遂率城民修理战具，一夜悉成。拒战百余日，兵士死伤过半。戍副高景阴图叛，刘氏斩之。自与将士分衣减食，劳逸必同。井在外城，寻为贼陷。城中绝水，刘氏集长幼，喻以忠节，相率告天，俄而澍雨，人心益固。会益州援兵至，围乃解。

◇白 话

南北朝时，北魏的荀金龙守卫着梓潼这个地方，同时兼管一些边防事务。梁朝皇帝派兵前来围攻，当时荀金龙正生着病，众人都感觉处境危险，心里十分惊慌。荀金龙的妻子刘氏是个巾帼英雄，在这危难时刻，她镇定地率领城里百姓修理武器，大家同仇敌忾，一夜就全修好了。与敌人激战了一百余天，兵士们死伤过半，边关守城副官见大势已去，暗地里阴谋造反，刘氏便把他杀了。刘氏与将士们同甘苦、共患难，衣服不够，就分衣服穿；短缺粮食，就节减食物吃，大家手挽手，心连心，下定决心要打跑敌人。当时边关的水井修在外城，不久，外城被敌军攻陷，城里断了水源，人人渴得要命。刘氏怕出动乱，便召集全城老幼，告诉他们要忠于国家、保持节操，并率领众人一起祷告上天，没多会儿，大雨果然倾盆而下，全城人心更加巩固了。说也巧，很快益州的援兵就来了，包围很快就得到解除，百姓们都感激地说，这全赖了刘氏的功劳啊！

荀妻刘氏，代夫厉兵。喻以忠节，得雨保城。

◇ 原文

唐，徐贤妃名惠，湖州人。生五月而能言，四岁诵《论语》、《毛诗》，八岁能属文，遍涉经史，手不释卷。贞观中，纳为充容。每应制诗文诰敕，挥翰立成，词华绮赡。太宗晚年好土木，动干戈，海内骚然。徐充容上疏，陈词宛转，竭尽忠忱。帝纳其言而止。帝崩，哀慕成疾，进药不服，曰：『上遇我厚，得先狗马，永侍园陵，足矣。』卒年二十四。

长孙后以善谏辅君，后崩，太宗以此后入宫，不闻规谏为恸。乃继其后者复有徐妃。其疏曰：『守初保末，圣哲罕兼。业大者易骄，愿陛下难之；善始者难终，愿陛下易之。』实为千秋不朽之名言，因附录焉。

◇ 白话

唐朝时有个徐贤妃，大家都说她是个奇人。贤妃刚出生五个月就会说话，四岁时能背诵《论语》、《毛诗》，八岁就能写文章，喜欢读各种经史，总是书不离手。贞观年间，她被选进后宫做了充容（充容：女官名）。每次皇帝命令写诗文、诰命、诏书等，贤妃总是信手拿起笔来一挥而就，且文辞华美，很得皇帝欢喜。唐太宗晚年喜欢大兴土木修造宫殿，又喜欢大动干戈开辟疆土，全国上下都一片骚动，动荡不宁。贤妃见情况如此，就上了一封奏疏去劝谏，她说话含蓄，虽是进谏，但处处表现出对皇上的一片忠诚，晚年固执的太宗读了，竟也采纳了她的意见，停止了修造宫殿和开疆辟土。太宗死后，贤妃又悲伤又思念，大病一场，送饭给她也不吃，送药给她也不喝。她含着泪对人说：“皇上待我恩重如山，真希望我能变成陵园墓道旁守墓的狗马，和它们一起永远侍奉他，我就心满意足了。”说也奇，讲完这话不久她便去世了，年仅二十四岁。

历史上有个长孙皇后，因善于劝谏辅佐太宗

而名誉宫廷。她去世后，太宗以为此后再也听不到正直的话语而难过万分，没想继承皇后的马上又出来这一位徐贤妃。贤妃在给太宗的奏疏中写道：“守住基业又能长保到底，就是圣人也很难做得到。事业辉煌时，人很容易就骄傲自满了，但我希望皇上能保持谦虚。一般的人做事都是开头做得好，但很难坚持到最后，我是多么希望皇上能够做到这一点啊。”这一席话，发自肺腑，句句是真，实在是千古不变之名言啊！

贤妃徐惠，上疏纠绳。帝崩哀慕，愿侍园陵。

◇ **原 文**

唐，钟绍京为苑总监。韦氏之乱，临淄王隆基与约诛之。及期，王夜率刘幽求等入苑，会于廨舍。绍京悔，欲不从命。其妻许氏曰：『忘身殉国，神必助之。且同谋素定，今虽不行，庸能免乎？』绍京悟，趋出谒王。率丁匠二百余人，执斧锯以从。其夜，斩韦氏及党羽，立相王旦，是为睿宗。事定，迁中书侍郎，参知机务。后封越国公。

人苟立志不坚，每当生死关头之际，有徘徊心焉。绍京设无许氏激其忠忱，在绍京固难免于死，而韦氏之乱，恐未必能肃清矣。一言丧邦，一言兴邦，言之不可不慎也。然亦视其忠心如何耳。

◇ **白 话**

唐朝时，钟绍京做了饲养禽兽的皇家宫苑的总监管。当时有个姓韦的皇戚作乱，朝廷的临淄王便与钟绍京约定一起去杀掉韦氏。约定的日期到了，临淄王连夜带人进入宫苑，来到双方约好的公堂见面。这时钟绍京却打起了退堂鼓，想到一旦事情失败自己肯定性命不保，于是开始反悔起来，想不去会合。他的妻子许氏知道后，严肃地对他说："不顾性命以身殉国的人，神灵一定会暗中帮助他的。况且你本是策划的人，这一点早已确定，今天即使你不参与，一旦事情败露，你哪里又能免得了罪呢？"钟绍京听了这话后幡然醒悟，赶紧跑去拜见临淄王，然后带领园丁和工匠二百余人，手里拿着斧头和锯子追随临淄王进了宫，当夜就杀死了韦氏和他的同党，拥立相王李旦做了皇帝，也就是后来的唐睿宗皇帝。事局平定后，因作战有功，钟绍京被升做中书侍郎（中书侍郎：古代设"三省六部"的官吏系统。三省为中书省、门下省、尚书省，隋唐时，三省同为最高政务机构，中书省管决策，门下省管审议，尚书省管执行。中书省的长官称中书令，中书令的副职称"中书侍郎"），参与商议机要事务。后来还被封了爵，做了越国公。

做事如果意志不定，每遇生死关头，就会瞻前顾后犹疑不决。假设没有妻子许氏用话来激发他，钟绍京本人固然难免于一死，而韦氏作乱，恐怕也未必能够肃清。一句话可以兴旺国家，也可以丧亡国家，话语真是何等的重要呀！

钟妻激劝，立志莫移。忘身殉国，神必助之。

董杨训儿

◇ **原文**

唐，董昌龄母杨氏，蔡州人。蔡州为吴元济所据，昌龄事吴为房令。母密戒曰：『顺逆成败，儿可图之。』昌龄未决，徙郾城。母复曰：『逆贼欺天，神所不福。当速降唐，毋以我累。儿为忠臣，吾死不恨。』会王师逼郾城，昌龄乃降。宪宗喜，即拜郾城令，兼监察御史。昌龄谢曰：『母之训也，臣何能？』宪宗叹异，后封杨氏为北平郡君。

◇ **白话**

唐朝时候，有个叫董昌龄的，是房县的县令，他母亲叫杨氏，蔡州人。当时董昌龄的上司吴元济占据了蔡州，准备揭竿造反。昌龄母亲知道这事后，就暗地里告诫他："都说顺应天意的人才能生存，如果违背天意，只会灭亡。儿啊，你可要好好考虑清楚啊。"虽然母亲这么说，但昌龄还是决定不下要不要跟着造反。后来吴元济把他调到郾城当县令，母亲又对昌龄说："叛贼造反，就是欺骗上天，神灵都不会保佑他。你也不用考虑我，还是赶紧投降唐朝吧。儿啊，你若能做个忠臣，做娘的我就是死了，也没有什么好遗憾了啊。"那时正赶上皇帝的军队进攻郾城，董昌龄就听从了母亲的劝勉，亲自带着部队出城投降了。宪宗非常高兴，当即任命他为郾城的县令，兼任监察御史（监察御史：负责督察一地大小官吏的官员）。昌龄辞谢道："这都是母亲教诲我这样做的，我自己哪有什么功劳呢？”宪宗感到很惊奇，后来知道事情的来龙去脉后，就封了杨氏为“北平郡君”。

杨氏训子，不爱己身。死亦无恨，须作忠臣。

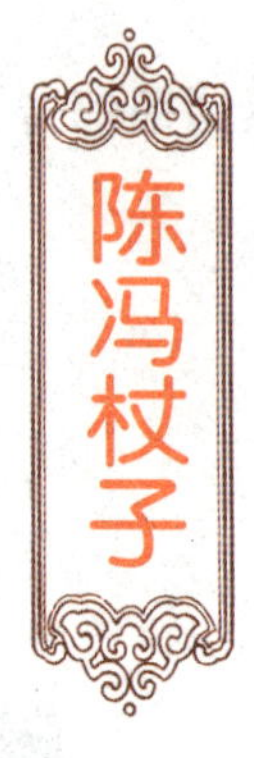

◇ **原 文**

宋，秦国公陈省华妻冯氏，节度使尧咨之母也。治家严，三子皆举进士。尧咨守荆南还，冯氏问曰：『汝典名藩，有何异政乎？』尧咨惭谢无有，冯氏意不悦。一日，纵言州当孔道，过客与尧咨射，无不让尧咨能者。冯氏大怒曰：『汝父训汝以忠孝辅国家，今不务仁政教化，而专一技自名，岂汝父志耶？』杖击之，金鱼坠碎。

吕坤谓严明哉陈母，知善射非太守之职，可不谓明乎？子为达宦，而犹以杖击之，可不谓严乎？明而且严，故其三子之皆得显达也。

◇ **白 话**

宋朝时，节度使陈尧咨的母亲叫冯夫人。冯夫人治家很严谨，她的三个儿子都中了进士。陈尧咨做荆南地方的太守时，有一年回来，冯夫人问他：“你在有名的地方做官，有什么与人不同的政策呢？”陈尧咨很惭愧，呆在原地什么也回答不上来。冯夫人当时就拉下脸来，心里老大不快活。又有一天，家里人聚在一起聊天，讲到荆南州那个地方正是往来要道，路过的宾客都争相着和陈尧咨比射箭，没有一个人能赢得了他。冯夫人听了，大怒起来，厉声斥责陈尧咨道：“你父亲从小就教育你要尽忠尽孝、报效国家，现在你做了官，非但不努力去实施仁政、教化百姓，还一味学些雕虫小技，自鸣得意，这哪是他当初教训你的愿望呢？”说完，就举起拐杖狠狠打下去，把陈尧咨身上佩戴的金鱼袋都打落在地上，碎了。

陈母知道擅长射箭并非太守的本职，儿子身

居要职还拿了拐杖去责打教育他，这可真是要求严格啊。贤明而又严格，难怪她的三个儿子都能身居要职。

冯氏治家，忠孝是诲。杖击尧咨，金鱼坠碎。

施氏奴事

◇原文

宋，沈氏婢施氏，湖州乌墩镇人。与沈氏本邻居，年二十，入为婢。会大疫，沈家夫妇相继亡，遗二女，各十数岁，无旁亲可依。施氏即佣春旁舍，或织草履，及缝纫之事，得钱以给二女。及长，为择良配。更抚抱其子，尽力奴事。每主人出游，则假守舍物，无一毫动者。远近皆敬慕之。

施氏二十岁始为婢也，以及嫁之年为婢，无豢养之恩可言，乃以佣春、织履、缝纫之资，以养主女，尽力奴事，能无敬慕乎？

◇白话

宋朝沈家有个丫环姓施，是湖州乌墩镇的人，和沈家本来是邻居，二十岁了才到沈家做丫头。当时正赶上疫病泛滥，沈家夫妇两人相继死了，留下了两个女儿，年纪都只有十来岁，没有别的亲戚可以投靠。丫环施氏就在旁边的房子里替人春米，或是织草鞋，做点针线活什么的，挣到了一些钱就送给两个小女主人。等到她俩长大了，又替她们选择好配偶，又替她们抱孩子抚养子女，努力做着一个丫头分内的事。每当主人外出时，她又兼管守护着家里的东西，一丝一毫都不去动它。因此附近的人都很敬重她。

施氏二十岁才到沈家当丫环，都到可以出嫁的年龄了，按理说，沈家对她并无养育之恩，但她却能靠替人春米织鞋缝补之所得来抚养主人的女儿，努力做着一个丫环分内的事，这样的所作所为，能不叫人敬重吗？

沈婢施氏，忠主二女。织履佣舂，奴事备举。

◇原 文

宋，王氏婢蓝姐，从其主寄居清泥寺。主宴客，中夕席散，夫妇皆醉。盗入，缚诸子及众婢。婢呼曰：『司钥者蓝姐也。』蓝姐应曰：『然。毋惊我主，乃可。』盗许之。蓝姐尽以钥付盗，秉席间巨烛，指引之。金银器饰，尽数取去。主人醒，翌晨诉诸县。蓝姐密告曰：『易捕也。群盗皆衣白，妾秉烛时，尽以烛泪污其背为识。』如其言，果各就获。

蓝姐忠且智矣。设其当时不承认司钥，非特危及其主，且危及诸子，危及众婢，抑且危及己身。以毋惊主为要求，而秉烛引盗，尽取金银器饰，贼方以为助之也，孰知已暗作标识擒之矣。翌晨云乎哉。

◇白 话

宋朝时，王家的丫头蓝姐跟着主人寄居在清泥寺。一天，主人宴请宾客，到半夜酒席才散，主人夫妇俩都喝醉了。正在这时，一伙强盗却突然闯了进来，把主人家的孩子和全部丫头用绳子绑了起来。丫头们急得大叫，都嚷着说："不关我们的事啊，家里管钥匙的是蓝姐。"蓝姐镇定地对强盗们说："确实是这样的，请你们不要吓着我家主人，钥匙在这，你们只管拿去吧。"强盗答应了，蓝姐就把钥匙交给强盗，并拿起酒席上用的大蜡烛，一路照着给他们指路。强盗翻箱倒柜，把金银首饰全都拿走了。主人酒醒过来，知道遭抢后，第二天一早就去县里报了案。蓝姐偷偷告诉那些差人说："很容易抓到他们的。那些强盗都穿着白衣服，昨晚我拿蜡烛替他们照明时，故意将烛油滴在他们的衣服上做了记号。"按照蓝姐所说，差人果然很快就把那些强盗给抓住了。大家都说，这个蓝姐可真是既忠心又聪明呀！

王婢蓝姐，引盗取金。烛泪标识，忠主智深。

◇原 文

宋，曾妇晏氏，汀州宁化人。夫死，守幼子不嫁。绍定间，寇破宁化。晏依山为砦，贼遣人索妇女金帛。晏召田丁谕曰：『汝曹衣食我家，念主母恩，当用命。不胜，即先杀我』。因解首饰悉与之。田丁感激思奋，晏自捶鼓，使诸婢鸣金，贼退败。乡人挈家趋砦者甚众，晏以家粮助不给。归者日增，又析砦为伍，互相应援，贼弗能攻。

吕坤谓晏恭人岂不伟然一丈夫哉！独立不惧之胆，坚确凝定之志，奋迅激昂之气，经略鼓舞之才，给赡存恤之义，胥见之矣。士君子受专城之寄，民听其死生，城听其坚陷，读此传，两间无容身处矣。

◇白 话

宋朝时候，有个姓曾的人死了，他的妻子晏氏就守着小儿子，怎么也不肯再嫁人。绍定年间，强盗攻破了宁化城，晏氏就搬出城，在山边筑了个木房子住着。强盗派人到晏氏家来索要女人和金银，晏氏便召集了家里的佃户和家丁，说：“你们的衣着和饭食都靠了我家，如果还感念主人的恩典，就应当服从我的命令。现在强盗来了，我们该奋力战斗才是，若打不赢他们，你们先把我杀了，然后各奔东西。”说完就解下佩戴的首饰分给他们。佃户和家丁大为感动，都想着奋力杀敌。晏氏就亲自敲着鼓，叫丫环们敲着锣，大家团结一致，终于击退了强盗。此后，乡里人拉家带口搬到晏氏家边上来住的人很多，晏氏也不拒绝，还拿出自家粮食，周济那些有困难的人。因此，前来归附的人一天天增多起来。晏氏又把所有人编成一队“军队”，轮流守卫和巡逻，大家互相救应，强盗再也不敢来骚扰攻打了。

吕坤评论说，这个晏氏简直就像一个堂堂男

子汉。她把勇于自立的胆魄、坚定不移的意志、奋发激昂的气概、经营鼓舞队伍的才能、帮助抚恤的义务全都集于一身，并在日常事务中淋漓尽致地表现出来了。相反，那些当官的专门管理一座城，却不顾百姓死活、听任城池失守，这些人要是读了这篇文章，该感到无地自容吧！

晏氏捶鼓，使婢鸣金。败贼守砦，赤胆忠心。

常哥苦心

◇ 原　文

辽太史耶律适鲁妹常哥，能诗文。咸雍间，作文规时政。其略曰：『君以民为体，民以君为心。人主当任忠贤，去比佞，则政化平，阴阳顺。』辽主洪基善之。大康中，皇子为枢密耶律乙辛所诬，坐废。适鲁谪镇州，常哥与俱，尝布衣蔬食。人问何自苦如此，对曰：『皇嗣无罪遭废，我辈岂可美食安寝乎？』及皇子被害，不胜哀痛。

◇ 白　话

辽国有个太史官叫耶律适鲁，他的妹妹耶律常哥聪明伶俐，诗文做得很好。道宗咸雍年间，她写了一篇文章规劝当时政局。文章的大意是："国君把百姓当作自己的身体看，百姓就会把国君当作自己的心肝。国君如果重用忠贤温良的人，除掉结党谄媚的人，政治自然公平，阴阳自然和顺。"辽国国君洪基读到了这篇文章，认为她说得很好。太康年间，皇太子因被宰相诬陷，被国君废掉。耶律适鲁也被贬到镇州，常哥就跟着去。在镇州时，常哥总是穿着布衣，吃着蔬菜。有人问她："你身为贵族，为什么要这样自寻苦吃呢？"常哥回答："皇太子没有罪却被废弃，我们应感到忧愁才是，哪又能好吃好喝、无忧无虑呢？"后来皇太子被人杀死，常哥更是非常悲痛。她可真是个女忠臣啊！

耶律常哥，规文出众。
皇嗣被诬，不胜哀痛。

朵那全主

◇原文

元，伟兀氏婢朵那，年十九。寇至伟兀家，无所得，反缚主母于柱，以刃砺颈。诸婢皆散走。朵那以身蔽主母，请代死，且曰：『家之货宝，皆吾所藏，主母不知也。若免主母，当悉与将军。』寇因解主母缚。朵那乃探金银珠帛等置堂上，任盗取之。已，欲犯朵那，朵那持刀欲自杀，曰：『我乃二千石家婢，肯从汝耶？』寇惊异，舍去。

弃主母之货财，全主母之生命，权也。既全主母，又能洁身，经也。守经行权，吾于朵那见之矣。

◇白话

元朝伟兀氏家的丫环叫朵那，十九岁。一天，强盗闯进伟兀家，抢不到东西，就把女主人反绑在柱子上，把刀架在她脖子上磨来磨去，叫嚷着快快交出财物。丫环们全都吓得四散逃去，只有朵那不走，她用身体保护着女主人，请求代她去死，并且对强盗说：“家里的财货珍宝，都是我收藏的，我家女主人并不清楚。如果你们放过她，我就把财宝都拿给你们。”强盗听了这话，就解开了女主人身上的绳子。朵那把金银珠宝、布帛等等都拿出，放在堂上，任由强盗们拿走。拿完了金银财宝，见朵那长得美，强盗们又想侵犯她。朵那从怀里嗖地拿出一把刀，义正词严地说：“我是俸禄二千石官人家里的丫环，哪里肯就这样顺从了你们呢？”强盗们都感到非常震惊，放了她就逃走了。

舍弃财物来保全主人性命，这是善于权衡利弊。既保全了女主人性命，又守住了自己的贞节，这是善于运用技巧。朵那这个丫环，真是不简单啊！

忠婢朵那，尽出宝珍。
保全主母，拒辱洁身。

◇ **原 文**

明，姜荣通判瑞州。贼起，荣出走。其妾窦妙善亟取印投园池。出，贼疑为荣妻。舁之出城。隶中有盛豹者，父子同被贼驱，其子叩乞纵父，贼许之。窦曰：『是有力，使舁我。』贼从之。舁数里，窦密语豹曰：『我留汝以告太守印处。今当遣汝归，幸告太守，前有井处，吾毕命矣。』乃言其不善舁，纵之。至花坞，遇井，托言就饮，跃入井中。

一印也，朝廷命令系之也。妙善藏印于后园荷池，而无以告夫主。乃求忠于孝，得托盛豹以藏印处及葬身处告之，而姜荣乃得取印，并出尸以葬焉。其忠于朝廷，忠于夫主，诏建专祠，千古不朽矣。

◇ **白 话**

明朝时，有个叫姜荣的，做着瑞州的军官。强盗来了，姜荣仓皇出逃，他的小老婆窦妙善慌忙取了官印，投进花园的水池中。强盗来了，误以为她是姜荣的正妻，就抬着她出了城。那时瑞州衙门里有个叫盛豹的差人，同他父亲一起也被强盗赶到外地去，儿子朝强盗叩头，请求放了父亲。强盗被他的孝顺所感，竟然同意了。窦妙善见状，就对强盗说：“这个人力气大，让他来抬我。”强盗答应了。抬出几里地远，妙善偷偷对盛豹说：“我把官印扔在花园水池中，现在我设法让你走掉，你快去禀报太守，越快越好！我自知难免一死，前面有一口井，那就是我的葬身之地。”讲完这些话后，窦妙善就故意对强盗说盛豹抬她抬得不好，把他放走了。走到花坞这个地方，遇见了一口井，妙善借口要喝水，一下就跳了进去。

官印虽小，但关系到朝廷的任命。妙善从孝中寻找忠，看到盛豹为父求情，知道他是孝顺之人，就托付他去告知太守自己藏印的地方和即将自杀的水井。正因如此，后来她丈夫姜荣才能顺利地找回官印，并且从井里捞出她的尸首安葬。窦妙善真可谓是忠于丈夫又忠于朝廷，难怪后来皇帝要下令为她修建专门的祭祠，使她扬名千古。

姜妾妙善，藏印荷池。因舁告主，投井名驰。

◇原 文

明，周宗建二妾宋氏、韩氏，吴江人，生年月日皆同。宗建欲劾魏忠贤，二妾曰：『大丈夫不当如是耶？谏而听，国之福。不听，臣之分。主无以亲老为念，尽忠即所以尽孝也。』宗建敛容曰：『尔等乃为此言，吾何憾？』及疏上，得罪。时二妾年皆二十一，宋氏泣谓韩氏曰：『我有二子，各抚一孤以报主，可乎？』韩遂抱其长子鞠焉。

◇白 话

明朝时，周宗建有两个小老婆，一个姓宋，一个姓韩，都是吴江人。两人出生的年、月、日全都相同。周宗建想要上奏弹劾大奸臣魏忠贤，这两位妇人都说：“身为大丈夫，就应当这样做才是！假如你上奏规谏被皇上接受，这是国家的福分；如果皇上不接受，你这样做也是做臣子的本分。你只管大胆放心地去，不必牵挂家中父老，尽忠就是尽孝啊。”周宗建听了这番话，神情肃穆地说：“你们都能说出这些话，那我就得了罪，又有什么好遗憾的呢？”等到奏疏递了上去，周宗建果然就获了罪。而当时，宋、韩两个妇人年纪都还不过二十一。宋氏哭着对韩氏说：“我们家老爷正直无私，不想身正反而被人歪曲。老爷此生一共留下两个儿子，我看我们姐妹一场，应该把孩子抚养成人才能报答他的恩情，我生的两个孩子，我们各自抱一个好好抚育，好吗？”韩氏非常认同，便抱走了宋妇人的长子，深深地鞠了一躬后走了。

宋韩二妾，劝主尽忠。
青年守节，抚孤以终。

◇ **原 文**

明崇祯末，寇薄都城。金铉奉命巡视守城，入告母章氏曰：『寇势迫，万一不测，愿母割爱，得殉王事。』母正色曰：『食禄殉难，汝之分也。吾从汝父及汝，两食君禄，义不逃死。倘事急，解所佩牙牌疾告我。』因相持恸哭去。后数日，都城陷，铉解牙牌付从者曰：『归报太夫人。』自投御河。母得牙牌曰：『事遽尔耶？孝哉铉也。』遂赴井死。

◇ **白 话**

明朝崇祯皇帝末年，李自成起义军进逼北京。金铉奉皇帝命令，巡视、守卫北京城。眼看时局已无可挽回，他急忙回去禀告母亲张氏：“流贼的势力大得很，万一有什么不测，希望母亲要舍得孩儿，让我能够为皇帝效命殉身。”他母亲正色道：“吃人俸禄，就要赴人之难，这是你分内的事。我跟着你父亲和你，已经两度吃到了皇帝的俸禄，从道义上说，我也是不能贪生怕死的。如果情况危急，你就解下身上佩戴的象牙牌子叫人送回来，我一看就明白了。”临别之际，母子二人相扶着痛哭了一场。后来过了几天，都城果然失陷，金铉解下象牙小牌子交给跟从的人说：“赶紧回去禀报太夫人。”说完就投河自尽了。母亲得到象牙牌，悲伤地叹口气道：“事情怎么来得这么急呀！我儿金铉真是个孝子。”于是也投井自杀了。

金母章氏，从子殉王。牙牌归报，赴井而亡。

◇ **原文**

明，西贼陷蜀，屠士绅家殆尽。李兆子映庚甫九岁，其婢袁氏已嫁映庚为妻，乃与其乳母李氏匿之。贼搜捕渐急，袁氏与姑谋，托言至城外事田。每旦，荷畚锸粪除具，别挟一小子与映庚年相若者，从城门出，暮则归，使门卒识已姑媳熟。乃使映庚荷粪篼随出，就近城田共耨，垂暮，令其姑还，而已负映庚走匿山中。

◇ **白话**

明朝末年，张献忠的起义军攻下了四川，到处杀害人才，做官的、读书的，几乎都被杀光了。那时有个叫李兆的，儿子李映庚刚满九岁，因为他是乡绅的儿子，也属被杀范围。李家有个丫头叫袁氏，已经嫁给映庚做童养媳了，她就同李映庚的乳母一起，把李映庚藏了起来。军队搜捕得越来越急，风声越来越紧，袁氏就和婆婆商议，借口要到城外去种田，每天早晨，都带着畚箕、锄头和装粪的工具等，手上牵着另一个和李映庚年纪相近的孩子，从城门出去，到太阳落山才回来。这样过了几天，守城士兵和婆媳俩都熟识了，也看惯了袁氏牵着一个小男孩去耕作这一幅图景。一天，袁氏见时机成熟了，便把藏着的李映庚叫出来，换了以前那个相仿年纪的孩子，让李映庚背上装着粪的竹筐跟了自己出城去，在城墙附近的田里耕种作物。守城官兵根本就不再去仔细辨认这个小男孩是谁。天快黑下来时，袁氏让婆婆先回去，自己则背着李映庚逃到山里躲了起来，就这样，袁氏利用智慧巧妙地保全了小主人的性命。

李婢袁氏，携幼出耕。守城熟识，得脱映庚。

◇ **原　文**

周，鲁展禽名获，字季，居柳下。齐攻鲁，求岑鼎。鲁君以他鼎往，齐侯反之，曰：『必令柳下季来言，吾信之。』鲁君请于季，对曰：『君之欲以为岑鼎也，以免国也。弃臣之信，以免君之国，亦臣之所难也。』公乃以真岑鼎往。

鲁君之以他鼎与齐，为重鼎也。然国之不存，鼎亦何有？欲免其国，复免其鼎，二者不可得兼。柳下季若言之，则既免其国，又免其鼎，似可一举两全。乃以不肯弃信为辞，其直道事人可见矣。

◇ **白　话**

周朝时候，鲁国有个人叫展禽，又叫柳下季，是个十分有信用的人。一年，齐国来攻打鲁国，要求鲁国要将他们的宝物岑鼎送去，鲁国便送了一只假的岑鼎去。齐国国君也闹不清这岑鼎是真是假，便又叫人将鼎送了回来，并且带话说：“一定要叫柳下季来，讲明这是真的岑鼎我才会相信。”鲁国的国君就亲自到柳下季家里去，请求柳下季说这是真的。柳下季却回答说：“君王要把假鼎当作真鼎送去，是因为要避免国家的灾祸，可是，我要是去证实这个鼎是真的，那就违背我的信用了，用我个人的信用，来避免国家的灾祸，这对我是很为难的呀！”鲁国国君听了，便也只好拿真鼎送到齐国去了。

鲁国之所以拿假鼎给齐国，是因为看重这个宝鼎，然而国之不存，鼎又如何能长存？又想避免国家的灾祸，又想保住这个鼎，二者是不可得兼的，但只要柳下季说一声是真的，则是真正既可避免国家灾祸，又可保住真鼎，似乎二者都可得兼，但纵然如此，柳下季还是不肯背弃自己的信用来说假话，由此可见这个人的信用度了。

周鲁展禽，不假岑鼎。君请言之，弃信不肯。

季札挂剑

◇ **原 文**

周，吴季札封于延陵，故号延陵季子。聘鲁，过徐。徐君好季子剑，口不敢言。季子心知之，为使上国未献。及反，徐君已死。解剑，挂其冢树而去。从者曰：『徐君已死，尚谁予乎？』季子曰：『始吾已心许之，岂以死背吾心哉？』

人之所贵者心，言者，心之声也。言而无信，不知其可也。季札之赠徐君以剑，未有言在先也，况徐君已死乎，乃竟割爱，挂剑于墓树而去，且曰『始吾已心许之，岂以死背吾心哉？』落落两言，千古不朽矣。

◇ **白 话**

周朝时候，吴国有个公子名叫季札，因为封官在延陵地方，所以人家又称他为“延陵季子”。吴国国君让他出使到鲁国去，路上经过徐国，季札身上佩戴着一把宝剑，徐国国君见了，很是喜欢，想把它占有，嘴上却不好意思说。其实季子也看出了徐国国君的喜欢，但因为这把剑是代表着使节的，他得等出使完鲁国才能宝剑离身，所以季子当时没吭声。等到延陵季子出使完鲁国回来，又经过徐国的时候，得知徐国国君已经去世了，季子就把这把宝剑解下来，挂在了徐国国君坟头的树枝上。随从很不解地说：“徐国国君已经死了，你干吗还赠他宝剑呢？”季子道：“以前我心里头已经答应徐国国君，要送他宝剑了，哪能因为徐国国君死了，就违背自己的心呢？”

季札赠徐国国君宝剑，未有言在先，况徐国国君已死，但他还是实践了自己的诺言，“吾已心许之，岂以死背吾心哉”，落落两言，千古不朽呀！

延陵季子，不负初心。徐君已死，挂剑坟林。

魏斯冒雨

◇原文

周，魏斯本为晋大夫，威烈王廿三年，命为诸侯，是为魏文侯。尝与虞人期猎。是日饮酒乐，天雨，文侯将出，左右曰：『今日饮酒乐，天又雨，公将焉之？』文侯曰：『吾与虞人期猎。虽乐，岂可无一会期哉。』乃往，身自罢之。

◇白话

周朝时候，有个人叫魏斯，原来是晋国的大夫官，后来做了魏国的诸侯，所以，他又名叫魏文侯。一次，魏文侯跟一个掌管苑囿畋猎的虞人约下日期一齐去打猎，到了那一天，魏文侯和别人喝酒，酒喝得十分愉快酣畅，天又下着雨，但魏文侯还是要出去。左右随从说：“国君您要到哪里去？天下着雨，酒又喝得那么好，别出去了。”魏文侯却说：“我前阵和虞人约了日子一齐去打猎，虽然酒喝得这么好，天也下雨，但人怎么可以随便爽约呢？”说完，就出去了，直到打完猎才回来。

文侯魏斯，与虞人期。冒雨而往，身自罢之。

季布一诺

◇ **原 文**

汉，季布无二诺。为河东太守时，诋曹邱生于窦长君。曹邱生请见曰：『楚人谚云：得黄金百斤，不如得季布一诺。足下何以得此声于梁楚间哉？且仆楚人，足下亦楚人，何拒仆之深也。』布大悦，厚赠之。由是名益著。

子路无宿诺，恐其偶忘失信，故不敢宿诺也。季布无二诺，盖其言必有信，故不至二诺也。无宿诺难，无二诺则更难。黄金百斤之重，尚不及其一诺，其一诺之重可知矣。子路之后，当首屈一指。

◇ **白 话**

汉朝的季布，非常有信誉，从来无二诺。在做河东太守时，他对一个叫曹邱生的人有些看法，就直率地在窦长君面前说了。曹邱生也听到了，便去拜见季布，说：“我听说楚人有谚语：‘得黄金百斤，不如得季布一诺。’我听说您在窦长君那里说了我的一些不是，您究竟跟他说了些什么呢？您说给我听，我当有则改之、无则加勉。再说，你是楚人，我也是楚人，您完全不必这么拒绝我呀。”季布听了，对曹邱生顿生好感，不但坦诚相向，而且赠了他丰厚的物品。从此，季布的名声更加响亮了。

子路从来不隔夜许诺，就怕偶尔忘了，失信于人。季布则无二诺，只因他言必有信，所以根本无须二诺。无宿诺难，无二诺更难，黄金百斤也不如一诺之重，子路之后，季布当首屈一指了。

季布平生，不负人托。黄金百斤，不及一诺。

◇ **原 文**

汉，刘平扶母避乱。出求食，逢饿贼，将烹之。平叩头曰：『今为母求菜，愿得归食母，还就死。』贼哀而遣之。平还，食母讫，禀曰：『与贼期，义不可欺。』遂诣贼。众大惊，相谓曰：『尝闻烈士，今乃见之。子去矣，吾不忍食子。』遂得全。

◇ **白 话**

汉朝时候，有个人名叫刘平。世道混乱，刘平便扶着母亲去逃难。一天，他出去找些食物，却不幸遇上了一班饥饿的强盗，强盗抓住他，商量着要把他煮熟吃了。刘平叩着头，说：“我今日出来，是为母亲找些野菜吃的，希望你们先让我回去把野菜给母亲吃了，回来任由你们处置。”强盗们听了，也觉得此人可怜，就放了他。刘平回去后，给母亲吃饱肚子安顿好，就跪拜母亲说：“我和强盗们约好了要回去的，不好欺骗他们，请母亲原谅孩儿不能为母亲尽孝了！”于是，刘平又回到了强盗们那里。强盗们见他真回来了，非常吃惊，大家都说：“从前听人家说烈士如何如何，今日真是眼见为实了！你回去吧，有信之人，我们怎么忍心吃你呢？”于是刘平靠诚信得以保全了性命。

刘平避乱，贼欲烹之。乞归食母，诣贼不欺。

◇ **原 文**

汉，郭仅伋字细侯，茂陵人，为并州守，素结恩德。后行部至西河，童儿数百，各骑竹马，迎拜于道。问使君何日当还，伋计日告之。既还，先一日，伋恐违信，遂止野亭，候期乃入。上以贤良太守称之。年八十六卒。

以太守之尊，与竹马童儿道旁偶语，乃以不肯失信于童儿。先归一日，宁止野亭以候期，可谓信之至矣。虽守信不仅在然诺间，而即此小事推之，其开布大信可知。宜其有数百童儿迎拜之雅事也。

◇ **白 话**

汉朝的郭伋，是个有信用的人。他在并州做太守的时候，与当地老百姓广结善德，感情很深厚。后来他去视察部下，到了一个叫西河的地方，只见路上有几百个小孩儿站着，各自骑着竹马，迎接郭伋一行人。当中有孩子问郭伋：“大人什么时候还来我们这里呀？”郭伋想了想，算了下时间，就告诉了他们一个日子。过了好久，到了那日子了，郭伋果然又回到西河这个地方，但他记错了日期，比约定的日子早了一天，想到怕自己失信于孩子们，郭伋便在路边的野亭里住了一夜，到了第二天才和孩子们相见了。

以太守之尊，与竹马儿童道旁偶尔约期，却不肯失信于儿童，早了一日，宁愿野亭候期，这真可以说得上是“至信”了。郭伋在这样的小事上都可以做到“诺行”，他的开布大信可想而知。也就难怪有数百儿童道旁迎拜这样的雅事了！

郭伋归早，止于野亭。
候期乃入，不欺童龄。

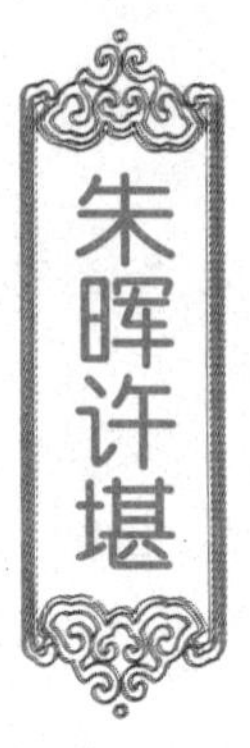

◇**原　文**

汉，朱晖字文季，早孤，有气节。张堪于太学中见之，甚喜，把臂语曰：『欲以妻子托。』晖不敢对。及堪亡，妻子贫困，晖自往候视，厚周之。晖子撷问曰：『大人不与堪为友，何忽如此。』晖曰：『堪尝有知己之言，吾已信于心也。』

许止净谓古人于一面之交，一言之托，终身不忘如此。无他，重自心之信义，轻身外之货财耳。按晖又尝与陈楫交善，楫早卒，有遗腹子友。及南阳太守召晖子骈为吏，晖辞骈而荐友焉！

◇**白　话**

汉朝的朱晖，早年就成了孤儿，但他很有气节，所以成年后，在太学里有个叫张堪的人见到他，就非常信任地握着他的手说：“他日我若死了，希望把我的妻与子托付与你，请您多多照顾他们呢。”朱晖觉得这事重大，不敢轻易承诺，也就没说什么。不久，张堪果然死了，张堪的家人生活一下子陷入了贫困。朱晖这时果真亲自去到张家问候、周济张堪的妻子和孩子，十分细心周到。朱晖的儿子质问自己父亲道：“你和张堪以前也不是什么朋友，为何忽然对张家这么好呢？”朱晖只好道出实情：“以前张堪曾对我说过知己话，要我在他死后照顾他的妻与子，我在心里已承诺了他人了，怎么好失信于张堪呢？”

许止净说：古人重信，就是一面之交，一言之托，也终身不忘承诺。他们这么做，不为别的，只因重视心里的信义而轻视身外的钱物而已。据说，朱晖也曾和陈楫很要好，陈楫死后留下一个遗腹子叫友，南阳太守要朱晖的儿子去做官，但朱晖不忘对陈楫的承诺，想着要照顾好他的遗腹子，便不去做官而改荐了其他友人去了。

朱晖信心，以待知己。张堪既亡，赡其妻子。

张劭待式

◇原文

汉，张劭，与范式游太学。告归，式曰：『后二年某日，过拜尊亲。』届期，劭告母，具鸡黍候之。母曰：『千里约言，尔何信之审耶？』劭曰：『巨卿信士，必不失期。』是日果至。后劭临终，谓妻曰：『范巨卿可托。』劭卒，式为营葬，护至临湘。

距千里之遥，积二年之久，定一日之期，无怪劭母之未敢信之也。而劭则信之深，可为式之知己。亦由式之信德，足以孚之耳，卒能如其约，省其亲，后复葬其身，护其眷，劭之信知己，可谓至矣尽矣。

◇白话

汉朝时代，有两个很重信义的朋友，一个叫张劭，一个叫范式。他们两个同在太学里读书的时候（太学：中国古代的大学），张劭要回家，范式便对张劭说：“两年后的某一天，我一定到你家去看望你，并拜见你的母亲。”后来，到了这个时期，张劭便将范式要到家来的事告诉了母亲，他们杀了鸡，备了饭菜，等待范式到来。张劭的母亲半信半疑，说：“儿呀，范式离我们家相隔千里远，而且是两年前的约期，你怎么这么肯定范式会来呢？”张劭说：“范式卿是个有信义的人，一定不会失约的。”到了这一天，范式果真到来了。后来，张劭临死前，对妻子说：“范式卿是个可以托付的人。”果然，张劭死后，范式替他丧葬，并一直保护张家人到了临湘地方。

距千里之遥，历两年之久，定一日之期，一般人都不会相信范式还会守诺，但张劭却深信朋友是守信之人，则也难得是范式的知己了！一个守诺，一个信诺，这种高谊哪是一般人能拥有的呀！

张劭信友，必不失期。二年以后，鸡黍候之。

◇ **原　文**

汉，韩康字伯休，卖药长安市，口不二价。三十余年，时有女子买药，康守价不二。女子怒曰：『公是韩伯休耶？乃不二价。』康叹曰：『我本避名，今女子皆知，何用药为。』遂隐霸陵山中，屡征不起。桓帝聘之，中道遁去。

口不二价，三十余年，女子皆知其名，其言必信，为何如耶。今之经商者，自夸真不二价，童叟无欺，独不及女子。若遇佼好妇女，辄选其货以诱之，廉其价以悦之，以视韩伯休，其亦有愧于中否？

◇ **白　话**

汉朝时候，有个人名叫韩康，字伯休，他在长安的市面上卖药，价格透明，童叟无欺，从来都没有过二样价钱。这样他一直卖了三十几年的药。一次，有个爱讲价钱的女子来向他买药，韩康守着价钱不肯让价。那女子生气了，说：“你难道是韩伯休吗？为何定好了就再不肯更改？”韩康听了，叹了口气说：“我本来是为了躲避名声才在江湖上卖药，现在连女子们也晓得我这个人了，我还做什么买卖呀。”于是就跑到霸陵山中隐居下来。朝廷希望这个重诺有信的人出来做事，便屡屡去征召他，但他就是不肯出去做事。桓帝又用厚礼去聘他。到了半路，韩伯休还是偷偷地逃了。

今日经商的人，自诩说自己童叟无欺，但事实并不如此，经常是遇到相貌漂亮的，就选好货来引诱她们，或以低价卖给她们，取悦她们，看看韩伯休，这些商人就该羞愧了。

韩康卖药，不二其价。
女子皆知，避名山下。

◇ 原 文

汉，陈寔，与友期行，过期不至。舍去之。时元方七岁，立门外。友至，问尊君在否，答曰：『待君久不至，已去。』友怒曰：『非人哉！与人相期，委而去。』元方曰：『君与家君期日中，日中不至，则是无信。对子骂父，则是无礼。』友惭谢。

◇ 白 话

汉朝时候，陈寔（寔，音shí）和一个朋友约好了一个日子一同出发去一个地方。到了那天，约好的时间到了，但那人却没来，陈寔就不再等他，独自走了。当时陈寔七岁的儿子陈元方在家门口玩，陈寔走了好一会儿后，那个朋友才到了他家，见到陈元方，就问：“你父亲在吗？”小元方答：“他等你好久不到，已出发走了。”这个人立即生气地骂道：“陈寔真不是个东西！和我约好了，又独自走了。”小元方听到了，立即对这个人说：“你与我父亲约好了时间，说中午到的，但中午你没到，这是你没有信；你当着人家儿子的面大骂他父亲，就是你没有礼，无信又无礼，你才不是个东西呢。”这人听了小元方这番话，羞愧得满面通红，灰溜溜地走了。

陈寔与友，预定行期。日中不至，舍而去之。

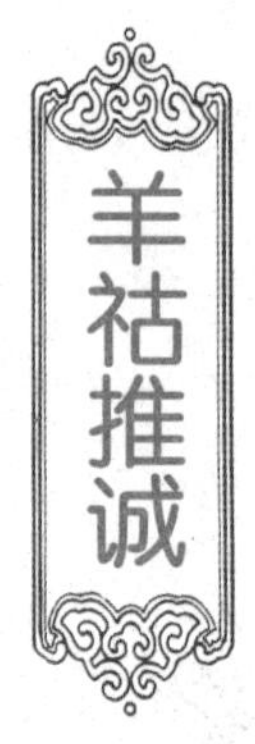

◇ 原文

晋，羊祜字叔子，镇襄阳，与吴将陆抗接境。每交兵，克日方战，不为掩袭之计。将帅欲进谲计，祜辄饮以醇酒，使不得言。抗遗祜酒，祜饮之不疑。抗疾，祜馈以药，抗即服之。人多谏抗，抗曰：『岂有鸩人羊叔子哉。』

古云：『兵不厌诈。』乃羊祜之遇陆抗，战必克期，不为掩袭，有进谲计者，饮以醇酒，使不得言。故敌将服其药而不疑，敌国军民，闻其丧而罢市巷哭，其信之孚及敌人，伊古以来，除叔子外，更无有二。

◇ 白话

晋朝的羊祜（祜，音hù）在襄阳地方带着军队驻扎、镇守，这个地方与吴国接壤，吴地由一个叫陆抗的将军镇守着。羊叔子和陆抗各驻扎一方，挨得很近。每次要打仗了，他们俩一定会先约好日期，互相通报才开战的，二人从不搞偷袭。但羊祜有几个部下认为这样不妥，觉得兵不厌诈没有什么好羞耻的，因此好几次要对羊祜进献诡计。羊祜知道他们的来意，便每次都给他们喝度数很高的酒，使他们喝醉了，不能进献诡计。有时对手陆抗也送羊祜一些酒来，羊祜毫无介备痛痛快快仰起脖子就喝了；而陆抗生了病，羊祜也会送去一些药，陆抗也像羊祜一样，毫不犹豫就把药服了下去。好多人都劝陆抗，说对手送来的药可不是儿戏，最好别服了，但陆抗说：“世上哪里有会用药毒死人的羊叔子呢？”

古语说：“兵不厌诈。”但羊叔子和陆抗这两个人，从不失信进诡于对方，所以到了最后，羊叔子死了，陆抗带领的整个部队都为之痛哭，人们为了吊唁他，放下手头工作，聚在一起放声大哭。羊叔子的信义，连敌人都钦佩到如此，自古至今，除羊叔子以外，恐怕再无第二人了。

羊祜推诚，视敌如友。拒绝谲言，饮以醇酒。

◇ **原 文**

晋，曹摅为临淄令。狱有死囚，岁夕行狱，愍之，曰：『新岁人情所重，岂不欲暂归家耶？』囚泣曰：『若得暂归，死无恨也。』悉开出之，克日令还。掾吏固争，摅曰：『此虽小人，义不见负。自为诸君任之。』至日，相率而至，并无遗者。

◇ **白 话**

晋朝时候，有个曹摅，在临淄地方做县官。当时临淄的牢狱里关了好多已判了死罪的人。曹摅想：快过年了，该去慰问一下他们才是。便来到犯人中间，一见这些可怜的人，曹摅就说：“都说每逢佳节倍思亲，过年对我们来说，是个最隆重的节日，你们想不想回一下家，看望一下亲人？”死囚们一个个哭着说：“怎么不想呢！若能回去和家人过个年，真的死了，也死而无憾了！”曹摅果真尽数放了他们，但限了一个日期，让他们在那一天一定要回到监狱里。消息传出，曹摅底下的属员们都感到不可思议，他们强烈阻挠曹摅这么做，但曹摅却说：“这些人虽然都是一些死囚、罪犯，但如果你用恩义和信任去对待他们，相信他们绝对不会负义的，我就替诸位担当这个责任好了。”果然，到了限日，那一班囚犯相继回来了，没有一个人逃跑或继续留在家里的。

曹摅岁夕，纵囚归家。克日皆返，诚感靡涯。

◇ **原文**

南齐，何远字义方，生平言不妄发。每语人曰：『卿若得我一妄语，则谢君一缣。』众共伺之，终莫能得。梁武帝践阼，封广兴男。为太守时，疾强富如仇佳谁，视贫细如子弟。豪右畏惮，公清第一。凡典郡所至，民为立生祠。

世人每妄语，而苦不自觉耳。若以何远为法，每谢人一缣，或可以自知其妄乎！

◇ **白 话**

南北朝时候，南宋有个人名叫何远，生平从不说一句谎话、大话。为了自我约束，每次他都会对别人说：“你留心听我所说的话，要是有一句妄语，我就送你一匹缣。”大家都时时留心着，但终究没有人从他那里得到过缣一匹。梁武帝十分赞赏他，认为他言而有信，是个很有德行的人，就封了他为广兴地方的男爵。后来他又做了太守官，对待那些称霸逞富的人疾恶如仇，但对贫贱的人却待之如子，因为他的公正无私，恶人豪霸都十分畏惧他。要说当时的公正清官，他算得上是第一个了，凡是他做官所到之处，人们都为他立祠堂拜敬。

即使是称得上诚实守信的人，要做到一句谎话不说，那也是很难的，而且说谎话大话，常常是在不自觉之间，但若能以何远“赠君一缣”的方法，相信每个人都会发现自己言不实信之处。

南齐何远，操守清严。得一妄语，愿谢一缣。

高允不妄

◇ 白　话

南朝时候，北魏朝有个官员叫崔浩，因为修整国史犯了死罪，崔浩被杀了。那时候有个叫高允的，是崔浩的同事，觉得崔浩死得无辜，便要求拜见世祖皇帝。见面后，他对皇帝直言道：“国史是我和崔浩一同做的，里面大部分的注疏，也都是我一人注的。”世祖皇帝很生气，说：“照这样说来，你的罪名比崔浩的还大哪，你还有什么活路？”太子平素知道高允的德行，在一旁有心替他开脱罪名，就说：“父皇息怒，父皇息怒。依我看，高允是见了您的天威皇严，吓得迷乱而口出胡话来了！”高允却并不领太子的情，继续镇定地对皇上说：“我知道微臣一罪该诛灭九族，现在死到临头，更不敢讲虚妄之言了。刚才所说，句句实言，绝无造次，也非迷乱。”世祖皇帝一听，非常震惊，觉得高允确实是个诚信和有勇气的人，情不自禁地称赞道：“你真是一个贞信的臣子呀！”自然，他的罪也就被赦免了。

◇ 原　文

北魏，高允见世祖，直言国书与崔浩同作，且注疏多于浩。上大怒曰：『此甚于浩，安有生路？』太子曰：『天威严重，允迷乱失次耳。』允曰：『臣罪应灭族。今已分死，不敢虚妄，臣以实对，不敢迷乱。』世祖曰：『贞臣也。』宥之。

高允实对，愿受极刑。
临死无妄，寿享遐龄。

魏征妩媚

◇ **原 文**

唐，魏征事太宗，尝责上失信于民。谏有不从，帝与语，辄不应。帝曰：『应而后谏，何伤？』征曰：『昔舜戒面从。臣心知其非，而口应陛下，是面从也。岂稷契事舜之意。』帝笑曰：『人言魏征疏慢，我视之，更觉妩媚。』正为此耳。

先君谓魏郑公守正不阿，能回主意。太宗创业赖玄龄，守成赖魏征。故贞观之初，善政迭出，皆由征谏诤所致。尝曰：『愿使臣为良臣，毋使臣为忠臣，其绳愆纠谬，匡君不逮有如此。太宗以为人镜，信然。』

◇ **白 话**

唐朝的魏征是历史上著名的宰相，他曾经对皇上失信于百姓一事，劝谏过太宗几回，但每次太宗就是不听。后来太宗皇帝再对他说些什么事，他就不回答太宗了。太宗皇帝说：“你答应了之后，再来劝谏我，又有什么关系呢？”魏征说：“从前舜帝就警诫过做人应表里如一。现在我作为臣子，倘若心里明明晓得不是，但口里却勉强答应，这就是表里不一了，我做不到当初稷契君服侍舜帝般心口一致呀？”太宗皇帝听了，益发觉得魏征是个可爱复可敬的好臣子，就笑着说：“别人都说魏征傲慢，我倒越看他越觉得可亲呢。”

贞观之初，善政累出，都是因为魏征直谏诤言所致，所以前人说过：做臣子的不要仅做忠臣，更要做一个良臣。

魏征妩媚，不肯面从。
责上失信，应对从容。

◇ 原文

唐，戴胄为大理少卿时，太宗以选人多诈冒资荫，敕令自首，不首者死。有诈冒事觉，上欲杀之。胄奏据法应流。上曰：『卿欲守法，使朕失信乎？』对曰：『敕者，出于一时之喜怒；法者，国家所以布大信于天下也。』上从之。

许止净谓法律可取消命令，命令不能抵触法律，虽君主立宪国皆然。吾国君主专制数千年，命令法律，几无区别，甚至天子之命令，可随时取消法律。惟戴胄能知法为重，敕为轻，可谓大法律家矣。

◇ 白话

唐朝时候，戴胄做着大理寺少卿（大理寺少卿：中央审判机关主官）。太宗皇帝发觉朝廷存在好些假造的官员，他们多半顶替了祖上的门荫而取得官员资格，皇帝大为生气，便下了一道敕令，叫那些徇私舞弊的人自己出来检举，倘若不自己出来禀明，一律治其死罪。果然，很快就有一件假冒顶替的案件浮出了水面。太宗皇帝就要把当事人处死。当时戴胄正做着司法官，他根据法律给那个人判罪，按理，那个假冒顶替的人应判处流放发配才是，这就与太宗皇帝要治他死罪有冲突了。戴胄赶紧上奏太宗皇帝。太宗不悦地说："你就守着你的法律判他流放罪吧，但你懂不懂，这样一来，我就言而不行，失信天下了！"戴胄回道："敕令是由皇上您一时喜怒下定的，可法律却是国家用以昭布、大信于天下的，孰轻孰重，一目了然，望皇上还是遵从法律为上。"这一席话说得太宗哑口无言，无可奈何，他只好乖乖地答应了戴胄。

许止净说：法律可以取消当权者的命令，但当权者的命令不能抵触法律，即使是君主立宪制的国家，也是如此。我们国家几千年来都是君主专制，天子命令和法律几无区别，甚至只要是天子的命令，就可以随时取消法律，惟有戴胄能知法为重、赦为轻，戴胄可真是个大法律家啊！

戴胄为卿，守法诚尽。奏请改流，昭布大信。

◇ **原 文**

唐，宋璟居官鲠直。张易之诬魏元忠有不臣语，引张说为验。将廷辩，说惶遽。璟谓曰：『名义至重，不可陷正人以求苟免。若不测者，吾且叩阁救，将与子偕死。』说感其言，以实对，元忠免死。

◇ **白 话**

唐朝时候，有个出名的好宰相，叫宋璟，做官很是正直无私。那时候，有个叫张易之的，诬陷魏元忠，说魏元忠对朝廷不满，经常在背后说朝廷的坏话。不但如此，张易之还动员了另一个叫张说的来做假证，暗地里却许诺张说，说只要做假证成功，就给他一个肥缺官职。张说抵挡不了诱惑，就答应了张易之。后来，张易之和张说就在朝廷上假戏真唱，但张说身为假证人，心虚得很，露出一副惶恐不安的模样。这番情形给宰相宋璟看到了，宋璟就对张说道："一个人的名誉是很重要的，千万不能为了贪图利益而去陷害正直的人。你还是说些真话吧，倘若因为说了实话而遭遇不测，我一定会到皇上那里去救你的，大不了和你一同赴死。"宋璟这番话说得恳切真挚，张说确实被感动了，便听从了宋璟的话，在朝廷上终于讲了真话，魏元忠因此得以免罪。

宋璟拒诬，许友偕死。
张说实言，魏免弃市。

◇ **原　文**

唐，郭子仪赏罚必信。回纥入寇，子仪使李光瓒说之。回纥曰：『郭公在此，可得见乎？』子仪将出。左右曰：『戎狄野心，不可信。』子仪曰：『虏众数十倍，今力不敌，吾将示以至诚。』乃免胄见其酋。回纥舍兵下拜，曰：『果吾父也。』

汾阳王功盖天下而主不疑，位极人臣而众不疾，上尊为尚父而不以宠辱为心，故身立三朝，执掌强兵，程鱼谗谤百端，上终不信。最难得者，回纥服其诚，承嗣拜其使。非至诚待人，焉能如此。

◇ **白　话**

唐朝的郭子仪，赏罚分明，忠实诚信，声名远扬。一次，回纥国进兵中国，郭子仪做着汾阳王，便差了部下李光瓒去劝他们好好退兵，回纥人都说：“久闻郭公大名，既然在此，可以出来让我们见见吗？”郭子仪就要出去见他们，左右随从及部下都认为不妥，说：“外国狄人往往诡计多端，狼子野心，哪里就可以相信他们的话呢？”郭子仪道：“回纥军队，比我们的要多上几十倍，按力量，我们是无论如何也打不过他们的。所以我更要对他们表示出自己的真诚，或许真可以使他们退兵。”说完，脱下身上的铠甲盔帽，身无兵器，态度坦然便去见回纥人的首领。回纥人感慨佩服之余，也言而有信地全部放下了武器，大家纷纷下拜着说：“果然是我们的郭爷爷呀！”

郭子仪功盖天下，位极人臣而众人皆信服，尊贵为尚父时也宠辱不惊，身立三朝，执掌强兵，有个叫程鱼的曾百般诽谤他，但君王终不相信，从这些足可以见出，这个汾阳王真是一个以个人魅力使天下臣服的男人呀！

子仪诚信，免胄见酋。回纥罗拜，福备九畴。

道琮觅殡

◇原文

唐，罗道琮上书忤旨，徙岭表。有同斥者，临终泣曰：『独委骨异乡耶。』琮曰：『吾若还，终不使君独留此。』瘗路左而去。后赦归，会霖潦，失殡处，琮恸诸野。波中忽若溢沸，琮曰：『若尸在，可再沸。』祝已，水复涌。乃得尸，携还乡。

◇白话

唐朝时候，有个罗道琮，因为给朝廷上奏章，忤逆了皇帝的意旨，皇帝就把他发配流放到岭南的蛮夷之地去了。在岭南，那里有另一个人也是被流放的，当这个人快死的时候，他哭着说：“难道我真要孤零零地尸骨抛在异乡了吗？”罗道琮就对这个可怜的“同是天涯沦落人”说：“相信我，倘若有一日我能赦免回家，我一定不会让你独自留在异乡的。”这个人死后，罗道琮就把他葬在路边了。后来，罗道琮果然得到了赦免，要回家了，便守诺要去掘出那个人的尸骨，没想那时刚好是南方的雨季，大雨一场接一场，路上的积水很深，他怎么也找不到当初那个人的坟地了，罗道琮忍不住恸哭起来，哭着哭着，忽然路上深深的积水竟像煮沸了般涌动起来，罗道琮祷告说：“若是尸骨在这里，这水，就再涌动一下吧。”那积水，竟然真的又涌动了一下。罗道琮就在这个地方找起尸骨来，果然找到了，就这样，罗道琮信守诺言，终于把这个人的尸骨送回了他的家乡。

道琮觅殡，恸诸汪洋。波中溢沸，得尸还乡。

曹彬激诫

◇ 原　文

宋，曹彬下江南。太祖曰：『城陷之日，慎无杀戮。』城垂克，彬忽称疾。诸将问之，彬曰：『余病非药所能愈，惟诸公诚心自誓，克城之日，不妄杀一人，则自愈。』诸将共焚香为誓，明日城陷，兵不血刃。李煜归降，复待以宾礼。

曹彬下江南，不杀一人，为千秋佳话。故君子谓彬为第一良将。盖由其信守太祖诫语，尤恐兵将未能信守，故称疾不视事，以激使尽诚。古称三世为将，道家所忌，若彬之为将，正可广作功德，何忌焉？

◇ 白　话

宋朝初年，有个良将名叫曹彬，奉了太祖皇帝的命令去攻打南唐国。还在出征前，太祖皇帝就对曹彬说过：“城池攻陷之后，千万不可杀戮平民百姓。”果真，城头就要攻破的时候，曹彬忽然说自己病了。将士们都来问候他，曹彬就对他们说：“我的病不是吃药可以治的，但只要诸位诚心诚意，发誓在破城之后决不乱杀一人，这样我的病就可以完全痊愈。”各位将士果然焚了香，发了誓。到了第二天，城被攻破了，果然，每个人的刀上都不沾一滴血，南唐后主李煜带着军队来归顺，曹彬及部下还用待宾客的礼节来对待他。

曹彬下江南不杀一人，成为千秋佳话，只因他们信守太祖的劝诫，且惟恐部下未能信守，故意称病激诫。古称三世为将，道家所忌，看来曹彬这样的良将倒是例外。

曹彬守诚，称疾保民。
江南城下，不杀一人。

◇ **原文**

宋，蔡襄之母方娠，过洛阳江渡遇风。舟将覆，闻空中曰：『勿伤蔡学士。』风浪顿息。时舟中姓蔡者惟一妇，因发愿云：『若生子为学士，必造桥济渡。』后生襄，以状元出守泉州。母促建桥完愿。襄几经艰难，卒成万安桥。

洛阳江濒海，旧设海渡，每遇风，溺死无算。且水深莫测，潮汐频至，不得兴工。襄以为母完愿心切，乃移文而感海神，潮不至者八日，始得立石为梁，成此万安桥。於戏，子全母信，宜其真诚感动神明也。

◇ **白话**

宋朝时候有个大学士叫蔡襄（大学士：优待礼遇大臣的官衔）。还在母亲怀他时，一天，他母亲挺着大肚子坐船过洛阳江，江面上忽然起了大风，船只眼看马上就要翻到江里去。就在这危急的关头，忽然听得天空里有个声音说：“可别伤了蔡学士啊！”骤然间，一切便风平浪静下来。惊魂平定后，大家相互问询，这船上只有蔡襄的母亲是姓蔡的，蔡襄母亲便发了一个愿，说：“倘若日后我生下来的是个男孩，将来果然做了学士，我就一定会在这个江渡头造一座大桥，去济渡这些来来往往的人。”后来，她果然生了个男孩，就是蔡襄，而蔡襄后来也果然中了状元，到泉州地方做了官。蔡母催促蔡襄造桥还愿，造这座桥可真是不容易，经过许多艰难困顿，才终于造成了这座“万安桥”。

洛阳江没有渡桥，只能靠船只渡江，每次风浪起时都会溺死无数百姓。据说蔡襄造桥时江水水深莫测，潮汐频繁，不能施工。但他完愿心切，写文祭江，终于感动了河神，潮汐竟有八天没来，才得以立石筑梁，造成这座“万安桥”。

蔡襄完愿，移文感潮。子全母信，万安名桥。

溧女投水

◇ **原 文**

周，楚，伍员逃难。过溧水，见浣纱女携食筐，因乞焉。女授之。食已，告曰：『追者至，幸勿言。』女诺。伍员言之再三。女曰：『吾以女而授男餐，非礼也。已诺而言之再三，疑我不信也。不信而无礼，不可以生。』乃投水而死，子胥救之不及。迨入吴，破楚归，乃投千金于溧水以报之。

◇ **白 话**

周朝时候，楚国有个大夫叫伍员，被追兵逼逃到了溧水河边，看见河边有个浣纱女，手里提着一篮饭食和蔬菜。伍员正饥肠辘辘，也顾不得古代男女授受不亲的告诫了，就向浣纱女讨饭吃，这善良的女子便把饭送他吃了。吃完后，伍员又对浣纱女说：“假使有追兵到来，请你千万不要告诉他们说我到过这里。”浣纱女子答应了。可伍员不放心，又接连着叮嘱了一遍，还是不放心，又叮嘱了一遍，一共说了三遍。浣纱女气坏了，说：“我是一个女子，把饭给男子吃，已经是不合礼了，又为了这么小一件事，被你叮嘱了三遍，这是你怀疑我没有信用，我既然没有礼又没有信，那活在世上还有啥意义？”说完，干脆就跳溧水死了。伍员要救她，可是已经来不及了，他只好遗憾万分地逃到了吴国。后来他在吴国东山再起，又杀回了楚国，便拿了一千两金子投到了溧水，算是报答那个太过刚烈的浣纱女。

溧阳浣女，授食伍员。
投水明信，守礼钗裙。

贞姜待符

◇ **原文**

周，楚昭王夫人贞姜，齐侯女也。王出游，留姜于渐台上，与之约，相召必以符。会江水大至。王使迎姜，忘持符，姜不行。使者曰：『水大至，还而取符，恐不及。』姜曰：『妾知行必生，留必死。然弃约求生，不如死。』使者还取符，水涨台崩，姜竟溺焉。王悯其持信以死，谥之曰『贞』。

◇ **白话**

周朝时候，楚昭王的夫人名贞姜，是齐侯的女儿。一天，楚昭王出游，把她留在了渐台上，走时楚昭王对她说：“假使我来叫你，必定会让来人带着信符来，若来人没有信符，你千万不要相信。”没想到，楚昭王走后，渐台就发起了大水，很快就要沉没。楚昭王赶紧差人去接贞姜，可是来人忘记了带信符，贞姜见没有信符，便不肯出来。来人叫：“大水马上就要浸没渐台了，假使我再回去拿，恐怕已来不及了！”贞姜说：“我知道出去必能活命，留在里面必死无疑，然而我若违背了约定去求生，那还不如死了好呢。”来人只好赶紧回去取信符，然而等转回渐台来，大水早已把渐台冲垮了，贞姜因此也被淹死了。楚昭王怜悯她是因守信而死的，便给了她谥号叫“贞”。

（编者按：这个故事主要是告诉人们做人的“信守约定”美德，但贞姜这里的“舍生守信”应该理性地看待。）

贞姜守约，待符而行。
江水大至，重信轻生。

◇ 原文

周，楚昭王姬姒氏，越王勾践女也。昭王与蔡、越二姬游而乐，约同生死。蔡姬愿从，越姬未之许。及王病危，越姬请以身祷，先驱狐狸于地下，王止之。越姬曰：『昔者妾虽不言，心已许之矣。妾闻信者不负其心，义者不虚设其事。妾死王之义，不死王之好也。』遂自杀。

贤哉越姬，不可及矣。柔情昵好，生死为轻。此淫邪者之童心耳。越姬不死于情，而死于义。不死于言，而死于心，岂非贞信君子哉？

◇ 白话

周朝时候，楚昭王有一个如夫人叫越姬（如夫人：原意是“同于夫人”，实为妾），是越王勾践的女儿。一次，楚昭王同越姬和另一位叫蔡姬的一起游玩，一高兴，楚昭王就和这二位夫人约定要同生死，蔡姬一口就答应了，可是越姬却没吭声。后来，楚昭王病了，病得很厉害，越姬就说：“我来为大王祷告吧，我情愿代大王死，到了地下，给大王驱逐缠身惹祸的狐狸精们。”昭王觉得这样对越姬是不公平的，但越姬说：“从前大王约了我们同生死，我当时虽然没答应，可是心里却已经答应了的，我听得古人说过，守信的人，决不欺骗自己的心；有义的人，决不虚设事情。现在我为大王去死，是为了那一份承诺那一份义，绝不是为了讨大王欢心。”说完这话，越姬就自杀了，她用自己的行动实践了内心的信诺。

越姬不是死于情，而是死于义；不是死于言，而是死于心，这难道不是个贞信的君子吗？

楚国越姬，心已许之。王病自杀，不负心期。

共华待死

◇ **白 话**

周朝时，晋国的丕郑从秦国回来，听说里克死了，就去拜见共华，问他：“这种时候我能去晋国么？现在应该没有危险了吧？”共华回答：“我也说不清楚，也许可以了吧？”于是丕郑就回到了晋国，结果晋惠公马上把他给杀了。有个叫共赐的对共华说：“现在国家形势危急，你也有危险，也许你现在逃还来得及。”共华回答说：“丕郑回到晋国去，是我出的主意，我要在这里等他呢。”共赐说：“听说他已死了，还等什么等啊。再说，谁知道这回事呢？不要管他了。”共华说：“这是不可以的，我明明知道他到晋国去了，如今我独自逃走，这是不守信用；给他出的主意，却使他被困住，这是没有智慧；见到他被困住了，我还怕死，这是没有勇气。身上背着这三种大罪过，还能逃到哪里去呢？你去吧，我就在这里等死好了。”

孔子曾经说过，自古以来人都有一死。百姓没有诚信，就无法在世上安身处世。这说的大概

◇ **原 文**

周晋丕郑之自秦反也，闻里克死，见共华曰：『可以入乎？』华曰：『可乎哉。』丕郑入，惠公杀之。共赐谓华曰：『子行乎？其及也。』华曰：『夫人之入，吾谋也，将待之。』赐曰：『孰知之？』华曰：『不可。知而背之，不信；谋而困之，不智；困而不死，无勇。任大恶三，行将安之？子其行矣，我姑待死。』

孔子尝言自古皆有死，民无信不立。盖谓人以信为本。人而无信，自失为人资格，且将不齿于人类。夫人孰能不死，若以信而死，可以立起世人之信心。共华虽亦里丕之党，而其死于信，则有足录者。

就是“人要以信为本”了吧。人如果没有了诚信，不仅失去了做人的资格，而且将为人们所不齿。谁能做到不死呢？如果是因诚信而死，就能树立起世人的诚信之心。共华也是里克、丕郑的同党，但他死于守信，却是值得记录下来的。

共华待死，不为人知。谋而被困，岂可背之。

州犁释甲

◇原文

周，晋、楚、齐、秦、宋、郑、鲁、卫、陈、蔡、曹、许、邾、滕将盟于宋。楚人衷甲，伯州犁曰：『合诸侯之师，以为不信，无乃不可乎？』固请释甲，子木不听。太宰退曰：『不及三年，令尹将死矣。求逞志而弃信，志将逞乎？志以发言，言以出信，信以立志，参以定之。信亡，何以及三？』翌年，子木果死。

盟，所以明信也。宋之盟，向戌欲弭诸侯之兵也。诸侯望信，是以来服。不信，是自弃其所以服诸侯也。州犁言之，而子木弃之，赵孟患之，而叔向安之。

◇白话

周朝时，晋国、楚国、齐国、秦国等十四个诸侯国将要在宋国会盟（会盟：古代诸侯间的集会、结盟）。楚国人个个在衣服里面穿上了铁甲，想趁机攻打晋国。有个叫伯州犁的人是有正义之士，就说："天下的诸侯集在一起聚会，我们楚国却要做这样没有信用的事，恐怕不行吧？"并一再请求把铁甲脱了去。当时楚国的宰相子木就是不允许，无奈，伯州犁只好退了出去，退了出去后他说："宰相不出三年就要死了，他想图一时快意却抛弃了信用，他的心志能得逞吗？心志是用以发言说话的，说话是要表现出诚信的，诚信是用来坚定心志的。心志、言语、诚信这三者用来安身立命，诚信都丢了，哪里还能活三年呢？"到了第二年，子木果然死于非命。

会盟，就是用以表示诚信的。宋国的会盟，本意是想通过会盟让诸侯之间的战争止息下来。诸侯渴望诚信，因此才来会盟，而楚国不讲诚信，这是抛弃了诸侯会盟的根基。楚国伯州犁提出要守信，子木却舍弃诚信；晋国大臣赵孟担忧诚信不足，而叔向却安于诚信，这就是两国的差别呀！

楚伯州犁，固请释甲。
会合诸侯，信修盟歃。

◇原 文

北魏，赵柔字符顺，金城人，少以德行才学著名。仕河内太守，甚着信惠。尝在路，得人遗金珠一贯，呼主还之。后有人遗柔铧数百枚者，柔与子善明鬻之市，只索绢二十疋。善明知其价贱，欲取回之。柔曰：『与人交易，一言便定，岂可以利动心？』遂与之。缙绅闻而敬服。

求善贾而沽诸，此经商之常情也。是以垄断者有之，居奇者有之，价值之增减，视供求之多寡而屡改者有之，此皆信德之未固耳。赵柔训子一言，可以为信义通商之殷鉴。

◇白 话

北魏时，赵柔是金城人，从小就以德行好、学问高而出名。后来他当了河内太守，诚信宽惠，很有名声。有一回，他在路上捡到别人丢失的一串金珠，他千方百计找回了失主归还了他。后来有人送给赵柔几百个挖地用的铁锹，赵柔留着也没有用，就和儿子赵善明一起拿到市场上去卖。他只开到相当于二十匹绢的卖价，儿子知道这个价钱实在是太便宜了，就想收回来不卖。赵柔对儿子说："和人家做交易，已经讲定了价钱的，哪能为了更大的利益就出尔反尔呢？"最后，他还是以极其便宜的价格卖给了那个人。各方人士听说了这件事，都对他非常佩服。

要个好价钱再把东西卖出去，这是经商者通常的想法。为了达到这个目的，有人想方设法垄断市场，有人趁机屯积货物从中获利，更有人根据货物供需的多少而屡屡变更价钱，这些，都是诚信和品德不牢固的原因。赵柔教育儿子的一番话，完全可以作为诚信经商的楷模啊！

赵柔信惠，呼主还金。
一言便定，利不动心。

◇**原 文**

梁，傅岐为始新令。有因斗相殴而死者，诉于郡。郡录其仇人，拷掠备至，终不任咎，乃移于县。岐命脱械，和颜问之，即首服。法当偿命。会冬节至，岐放令还家。狱曹掾固争曰：『古者有之，今不可行。』岐曰：『彼若负信，县令当坐。』竟如期而返。郡守深为叹异，遂以状闻。

晋有曹摅，南宋有王志，南齐有何胤，宋有徐光实，皆有约囚归去，如期而还之事。夫惟有恩信于民，民自不忍欺也。至傅岐，则去任之日，县民无老少，皆出境拜送，号哭闻数十里，其感人尤深矣。

◇**白 话**

梁朝时，傅岐在始新当县令。县里有两个人因事斗殴闹出了人命，官司打到了府里。府里把凶手抓到，用尽了各种重刑拷打，凶手始终不肯招认。府里就把这桩案子移到县里去判审。傅岐叫人把那凶手身上的手铐脚镣都解除掉，和颜悦色地询问他，凶手当即就承认了杀人的事实。按照法律，这个凶手是要抵命的，恰巧这时冬至到了，傅岐就放他回家去过节。监狱官一再反对说："古代是有放犯人回家过节的例子，但这个犯人先前死不招供，放他回去，恐怕再也不会回来，断断使不得。"傅岐却道："没关系，如果凶手失信，不回到监狱来，我将担负一切责任，甘愿接受惩罚。"果然，假期一满，凶手就如期回来了。当时府里的太守很佩服他的以德服人，就把这事禀报到朝廷了。

许多朝代都有过与傅岐相似的事例。像晋朝的曹摅、南宋的王志等等，都有过放囚犯回家而囚犯如期回来的事实。正是因为他们对百姓广施恩惠，讲守信用，所以老百姓才不忍心欺骗他们。傅岐是一个有名的好官，在他离任之日，全县百姓，无论男女老少，全都跪拜着送他出境，哭声在十里外都能听到，那场面，实在是感人至深啊！

傅岐决狱，冬节纵囚。如期而返，恩信千秋。

◇ 原 文

宋，吕蒙正初入朝，或曰：『此子亦参政耶？』同列不能平。蒙正止之曰：『知其姓名，终身不能忘，不如弗知之为愈也。』上欲遣人使朔方，蒙正以名进，上不许。三问，三以其人对。上怒曰：『卿何执耶？』蒙正曰：『臣不欲用媚道，妄随人主意以害国事。』上重其量，卒用其人。果称职。

先君曰：『吕参政，忠直之士也，有雅量，敢犯颜直谏。太宗见庶民繁盛，有骄盈之志，得蒙正数语，虽变色不言，而骄盈之气已抑。

◇ 白 话

宋朝吕蒙正刚到朝廷做官时，有人在背地里议论说：“这个人也能来参议朝政么？”吕蒙正的同伴听到后，很替他不平，就要去查明说这话的人。吕蒙正急忙阻止说：“知道了这个人是谁，就会一辈子记住他的不是，那还是不要知道的好了。”又一次，皇上要派人出使到北方去，吕蒙正推荐了一个人。皇上不同意，连着问了他三次，吕蒙正三次都还是推荐了那个人。皇上生气地说：“你怎么这样固执啊？”吕蒙正回答说：“我不想对皇上您谄媚，违心地附和您，随随便便就顺从您，那只会坏了国家大事呀。”皇上一向敬重吕蒙正的度量，又见他如此坚持，最终就用了那人。出使到北方去后，事实证明，那人正如吕蒙正所说，是个称职优秀的人。

吕蒙正真是一位忠义正直之士，有很大的度量，又敢于触犯皇上，直率地规谏。当时的皇帝宋太宗看到国泰民安、人口繁荣，心中渐渐骄傲自满，但听到吕蒙正的几句规谏后，虽然不悦，连脸色都变了，但内心的自满之气却明显得到了压制。

蒙正荐贤，三问三对。不道妄言，犯颜无碍。

◇ **原 文**

宋，狄青为荆湖宣抚使。侬智高寇扰日甚，青上表请行。诏从之。青按兵止营，暗度昆仑关，大败侬智高于邕州。贼尸有衣金龙衣者，众谓智高已死，欲以上闻。青曰：『安知其非诈耶？宁失智高，不敢欺朝廷以贪功也。』

先君曰：『狄将军初以卒伍位至枢密，其战功将略，可想而知。生平不矜不伐，故恩遇日隆，不为朝廷所惧。观其夜度昆仑，非智勇俱全，焉能从容若此？至不报侬死，不去面涅，益见其诚信无欺矣。』

◇ **白 话**

宋朝的狄青做着荆湖地方的宣抚使（宣抚使：宋代负责督察军事的大臣）。当时少数民族将领侬智高时常带兵来侵扰，一天比一天厉害。狄青便上了一封奏表到皇帝那里，请求出兵去攻打侬智高。皇帝答应了。狄青按兵扎营，不动声色，暗中渡过昆仑关，在邕州把侬智高打了个大败。敌军尸首成堆，其中有一个是穿着金龙衣的，大家说这个一定是侬智高了，就要把侬智高已死的消息禀报到朝廷去。狄青说："侬智高阴险狡猾，这很有可能是他金蝉脱壳的诈伪行为呢！我宁可失去杀死敌军将领的这个功劳，也不敢为了贪功去欺骗朝廷呀。"

狄青将军出身行伍，最终官位高至枢密使（枢密使：枢密院的长官。唐时由宦官担任，宋以后改由大臣担任，枢密院是管理军国要政的最高国务机构之一，枢密使的权力与宰相相当，清代军机大臣往往被尊称为"枢密"），他的战略谋功，可想而知。狄青平生不骄不躁，因此皇帝对他很是信任恩宠，并不怕他重兵在握，谋求造反。看他不动声色暗渡昆仑关这件事，如果不是智勇双全，哪能做到如此从容呢？至于他不肯轻易上报侬智高已死的消息，则更能看出他的为人之诚。

狄青破敌，发见贼尸。不以奏报，诚信无欺。

◇原 文

宋，赵抃平生日间所为之事，夜必衣冠露香以告于天。不可告者，则不敢为也。知虔州，岭外任者死，多无以为归。抃造舟百艘，移告诸郡曰：『仕宦家不能归者，皆于我乎出。』于是至者相继，悉授以舟，并给道里费。累官太子少保，弹劾不避权幸，京师号为铁面御史。

人能学赵公之不欺己，不欺天，自能如赵公之临终词气不乱，安坐而逝矣。许止净谓公之修行精进，至老不懈。深山老衲，尚不多遇，况富贵至极者乎？学道有得，大愿度人，极大丈夫出世之能事矣。

◇白 话

宋朝的赵抃（抃，音biàn）非常有诚信，一生当中，凡是白天做了的事，夜里一定要穿戴整齐，在露天里烧着香禀告上天知道的。可以这么说，他做的每一件事都问心无愧，问天无愧。有一年，他到虔州去做知府，当时在岭南做官的人，因受不惯南方的瘴气，死的人不计其数，他们的家小便因此滞留岭南，无法回家。到任后，赵抃就造了一百条船，发文书到各郡县去说：“各处有做官的人家，他们的家小如果不能回故乡去的，就到我这里来吧，我帮助你们回家乡去。”于是很多人从外地络绎不绝地赶来，赵抃不但给他们船只，还给了足够的路费好让他们上路。后来赵抃官做到了太子少保（太子少保：辅导太子的官），他仍然忠于职守，就是朝廷很有权势的人，他也敢弹劾他们的过失，当时京城里的人都尊敬地称他为“铁面御史”。

一个人如果能像赵抃那样不骗自己、不骗上天，临终之际自然也就能像他那样镇定自若地说着话，坐着安详地死去。赵抃的修养很高，一直到老都坚持不懈，这样的情形就是住在深山里的老汉也是不多见的，何况是富贵至极的高官。像赵抃这样德行高而有成就，胸怀天下救助世人的人，就真是所有做官之人的楷模了。

铁面赵抃，夜必告天。移文诸郡，授舟给钱。

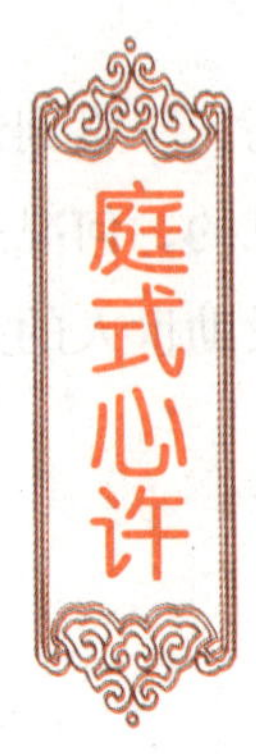

◇ **原 文**

宋，刘庭式未第时，议娶乡人女，未纳币。既及第，女病丧明，家贫甚，不敢复言。或劝纳其幼女，庭式笑曰：『吾已心许之矣，岂可负初心哉。』卒娶之。生数子。后死，遂不复娶。苏轼问之曰：『哀生于爱，爱生于色，今君爱从何生？』庭式曰：『吾知丧吾妻而已。』后老于庐山，享高寿。

许止净谓古有长寿者，人问其故，曰：『生来妻貌丑。』是丑妻乃延寿之符，可贺不可厌也。况庭式不负初心，最为仁厚。仁者必寿，岂待蓍龟乎？东坡达人，讵不知此，殆欲藉庭式以警醒天下后世耳。

◇ **白 话**

宋朝的刘庭式还没考中进士时，大家商议叫他娶一位同乡的女儿，还没下聘礼。等到他考中进士，那女孩竟生了病，双眼瞎掉了，家里又穷得很，那户人家就再不敢提当初婚约的事了。有人劝刘庭式退了这门婚事，要不，就改娶那瞎眼女孩的妹妹。刘庭式笑着说："我当初在心里已应许了这门婚事，现在哪又能违背当初的心意呢？"最终，他还是迎娶了那瞎眼女孩。也是命里不好，那女子生下几个儿子后就死掉了。刘庭式却不再婚娶。苏东坡问他："都说悲哀是因为爱情而发，爱情又是因为相貌而生。你的妻子那么丑，现在又去世了，你对她的忠贞爱情则从何而来呢？"庭式避而不答，只说了一句："我只知道我的妻子已死了，自然很悲伤。"后来他在庐山上养老，活了很久才去世。

许止净说：古代有一个长寿的人，有人问他何以长寿，他的回答是"娶个相貌丑陋的妻子"。如此看来，丑妻是延年益寿的神符，是值得庆贺而不是令人生厌的一件事。何况刘庭式不肯违背自己当初的心意，这一点，最是仁义忠厚。仁义的人必定长寿，哪须用龟甲来占卜祈求呢？苏东坡是通达之人，他哪会不知道这些道理？他那样问刘庭式，大概只是想借用他的例子来让天下人警醒罢了。

庭式及第，不负初心。辛娶瞽女，如鼓瑟琴。

◇ **原 文**

宋，姚雄初以女许寨主之子。后寨主妻子流落，雄为边帅，遇一妪浣衣，见其有士人家风。问之，妪曰：『昔良人守官边寨，有姚姓者，许以女归妾子。今夫既丧，惟货饼自给耳。』雄曰：『某是也。女自许归，别有求婚，某并不允。』妪感泣，气咽不语，久之。雄留妪，并其子俱载还。

雄为将，其未婚婿，方为寨主之子也。及为帅，其未婚婿，已为卖饼妪之子，几无以自存，且妪亦无法求雄耳。雄乃自言之，竟载还毕婚。雄之信德尚矣，而妪因不失士人家风，此其得以复合也。

◇ **白 话**

宋朝时候，有个叫姚雄的，起初把女儿许给了寨主的儿子，后来寨主死了，寨家道衰落，妻子和儿子都流落街巷，不知何处去了。姚雄却在边城做了元帅。一次，遇见一位老太太在河边洗衣服，虽为干粗活之人，但看她的举止，却很有大家风范，姚雄就上去与她攀谈起来。老太太回答说："以前我丈夫也是守边城的，有个姓姚的将军，还把女儿许给我儿子做媳妇呢。只可惜我丈夫死后，家道一落千丈，我儿子也只有靠卖烧饼来过日子了。"姚雄一听，马上说："我就是那姓姚的啊，自从小女许配给你家但你一家流落后，许多人都上门来求婚，我都没答应呢。"老太太感动得直哭，很长时间都哽咽得说不出话来。姚雄便收留下老太太和她儿子，又用车把他们送到了衙门。

姚雄当将领时，他的未婚女婿还是寨主的儿子，等姚雄当上了元帅，那未婚女婿却沦为卖烧饼的了，况且老太太又不认识姚雄，更没有去向他求助，姚雄却自己介绍自己，最后还用车接他们回去和女儿完了婚。姚雄守信而有德行，老太太虽家道破落但不失大家风度，正是这两点促成了两家的好姻缘哪。

姚雄许女，未及成婚。婿家流落，竟归德门。

◇ **原文**

明，李春芳家贫，童年入村塾时，先有负薪者憩土地祠门首，忽闻庙中云：『今日李状元上学，当洒扫街道。』起视无人，复坐，又闻曰：『李宰相来矣。』果有人携童子捧书入庙，遂询其姓名，以女许之。后春芳应试入泮，或有讽其解负薪之姻者，春芳坚拒之，旋迎娶偕老。

李公家素贫寒，其父仅为县中小吏，卒致登魁选，履相位，子孙科甲不替，无非以不失信基之耳。信近于义，吾于李公践姻见之矣。

◇ **白话**

明朝时，李春芳家里很穷，童年时要到村里的私塾去读书。一天，一个挑柴人坐在土地庙前休息，忽然听见庙里有人说话：“今天李状元要来上学，要好好打扫街道呢。”挑柴人感到奇怪，就站起来进庙里去看，怪了，并没有人在里面呢，就又坐下来休息。忽然又听见有人说：“李宰相来了。”果然，看见有人带着一个小孩子捧着书本到庙里来读书。挑柴人上前去打听那孩子的姓名，知道这孩子正是姓李，叫李春芳，心里半信半疑庙里的那些话，就把自己的女儿许配给了他。很快李春芳果然考取了秀才。有人劝春芳解除和那挑柴人家的婚约，但李春芳拒绝了，不久就把女孩子迎娶了过来，后来李春芳又中了进士，登上了宰相之位，但他们夫妇俩偕老直到白头，一生都很幸福。

李春芳家境贫寒，后来他的子孙却接连不断在科举中金榜题名，这一切，难道不都是李家不失信用所致的福报吗？守信就像守义一样重要，从李春芳践守婚约这件事中已经得到了印证。

春芳入塾，见许负薪。
应试得意，不解前姻。

邓曼抚民

◇原文

周，楚子熊通夫人邓曼，有伟识。楚子使莫敖屈瑕伐罗，斗伯比送之。还，谓其御曰：『莫敖必败。举趾高，心不固矣。』遂见楚子曰：『必济师。』楚子辞焉。入告邓曼。邓曼曰：『大夫其非众之谓，其谓君抚小民以信，而威莫敖以刑也。莫敖狃于蒲骚之役，将自用也。不然，夫岂不知楚师之尽行也？』楚子使人追之，不及。屈瑕果大败。

莫敖之败，伯比见其趾高而知之，邓曼仅闻其心不固而知之。其谏君抚小民以信一言，尤为识见过人处。民无信不立，莫敖不自知，而伯比知之。楚子不及知，而邓曼言之，非伟识而何？楚子愧之矣。

◇白话

周朝时候，楚国国君熊通的夫人叫邓曼，虽是一介妇人，却有了不起的见识。有一年，楚国君派莫敖、屈瑕去攻打罗国。有个叫斗伯比的前去送行，回来时就对他的驾车人说："莫敖将军一定会打败仗，我看他走路时趾高气扬，这暴露了他内心对这场战争并没有充分的认识。"于是便去拜见楚国君，说："我认为一定要增援军队，去帮助莫敖将军才对，否则很有可能吃败仗。"楚国君觉得部队去得差不多了，就对斗伯比说："你也未免太过虑了，这样做有什么必要呢？"楚国君回到宫里，就把这番话随口告诉了邓曼。邓曼却说："斗大夫并不单说莫将军作战人数不够，他是希望国君主动增兵，从而以您的恩信去慰藉、归顺百姓，同时也给自大的莫将军一个威慑、教训。当年，莫敖在蒲骚打了胜仗，心里一直很自大，谁也不放在眼里。斗大夫熟悉他的品性，要不然，他也不会那么说的。"楚国君顿时醒悟，赶紧派去援兵，但为时已晚，果然，援兵还未追上，前线的莫敖、屈瑕已经吃了大败仗。

莫敖打败仗，斗伯比从他走路的姿势就预见到了，而邓曼仅仅是听说了事情就猜到了结果。她规谏楚国君要以信义去慰藉、归顺百姓这句话，更可看出她见识过人。确实，对百姓没有信义就无法立身，莫敖不了解这一点，但斗伯比却深知其中真理。楚国君没来得及弄明白，邓曼就告知他，这不是有大见识么？面对这个女流之辈，就连楚国君也该感到惭愧吧！

邓曼谏君，抚民以信。莫敖未刑，楚师败阵。

◇ **原　文**

周，卫姬，齐桓公夫人也。公与管仲谋伐卫。朝入，姬脱簪解佩，下堂拜请卫之罪。公曰：『无故。』姬曰：『人君忿然充满，手足矜动者，攻伐之色。今君趾高色厉声扬，见妾而沮，意在卫也。』公诺。明日临朝，管仲趋进曰：『君之临朝也，气下言徐，其释卫乎？』公曰：『善哉！夫人治内，仲父治外，寡人足以立于世矣。』君子谓卫姬信而有行。

齐桓公好淫乐，卫姬为之不听郑卫之音。刘向颂其忠款诚信，吕坤谓其明哲至矣。世之愚妇人，征色发声而不悟，自纳其身于罟擭陷阱之中，死而不悔者，读卫姬传，可以悟矣。

◇ **白　话**

周朝时候，卫姬是齐桓公的夫人。齐桓公和管仲商议要去袭打卫国，大家都知道这是不义之举，但也不敢有人明确阻拦。上完朝回到后宫，卫姬看他神色不对，就摘下发簪、耳环，解下环佩，走下堂去跪拜着，问齐桓公讨伐卫国的原因何在。桓公说：“没有什么原因。”说完又觉得奇怪，道：“你怎么知道我要去讨伐卫国呢？”卫姬说：“做国君的满脸怒气，手脚也蠢蠢欲动，这些都是要攻打别国的表现。刚才国君进来时脚抬得很高，脸色也很严厉，声音又高扬着，一见到我却止住了，我猜出国君的意思，是想去攻打我的娘家卫国吧？”齐桓公经她这么一说，就答应不打卫国了。第二天上朝，大臣管仲也走上前说：“我看国君今天上朝，口气温良和善，话说得极其舒缓，猜想您一定是打算放过卫国了。”齐桓公一击掌，高兴地说：“真是太好了！宫里有夫人帮我把持着，外面又有管仲在帮我治理着，我齐桓公从此可以在世上无忧立足了！”贵族们都称赞卫姬守信而有德行。平常，齐桓公喜欢音乐，总是沉湎于声色之中，卫姬却以身作则，听都不肯听一下郑、卫之乐，用自己的行动来规劝齐桓公。

刘向称颂卫姬忠心诚信，吕坤则认为她明哲之至。世上有很多愚蠢妇人，沉湎于声色之中，那是自身投到罗网之中，往往至死也不曾觉悟。这些人读了卫姬的传记，应该会有所醒悟吧？

齐桓卫姬，信而有行。望色脱簪，下拜请命。

◇ **原 文**

汉，朱旷聘妻罗静，未嫁而父病疫殁。邻比断绝往来，旷立赴静家经营，竣事而归，亦病亡。静感之，誓不更嫁。与弟妹共居，求者十余，志无倾移。杨祚将人众自往纳币，静逃匿。祚劫其弟妹，静恐为所害，乃出见之。曰：『实见朱旷为妾父而死，故托身死者，自誓不二，辛苦之人，愿哀而舍之。如不然，请守之以死。』祚乃弃去。

信近于义，有子言之，朱旷冒疫，为聘妻葬父而死，义也。罗静感之，自誓不嫁，求者十余，志无倾移，义而信矣。至弟妹被劫，出告杨祚，愿守以死，信之至矣。惟自信而后人信之。不然，杨祚岂肯弃去乎？

◇ **白 话**

汉朝时，朱旷下了聘礼，要娶罗静做妻子。罗静还没出嫁，她的父亲却染上疫病死了。邻居们因为害怕感染疫病，都不肯和罗家来往。朱旷听到后，马上赶到罗静家，帮助操办她父亲的后事。事情办完后，朱旷也得病死了。罗静很感激他，就发誓不再嫁人，和自己的弟弟、妹妹住在一起。后来前来向罗静求亲的人有十几个，但她心意已决，一点也不为所动。有个叫杨祚的，强行带了很多人上门去下聘礼，罗静就逃走，到别处躲了起来。杨祚便扣留了她的弟弟、妹妹，罗静怕弟妹被他杀害，只好出来见他，说：“朱旷因为我父亲的缘故无辜死掉，我为他的情义所感，发誓要替他守节，不再嫁人。请你看在我孤苦伶仃的面上，可怜可怜我，放过我吧，不然的话，小女子只有靠一死来报答朱旷的恩情了。”杨祚听了这番话，也为她的贞烈感动，便放过了他们。

朱旷敢于冒着染上疫病的危险，去帮助未婚

妻安葬她的父亲，这是义；罗静感激他，发誓不再嫁人，来求婚的人有十几个，她都不改誓言，这是有义又有信；至于弟妹被劫持，她又出来面见杨祚，表达不惜一死的决心，这是信的极致。正因为一个人能自觉履行自己的承诺，别人才会信任他，要不然，杨祚哪肯放过罗静一家呀！

罗静自誓，矢志不移。祚劫弟妹，以死告之。

昌蒲慎言

◇ **原 文**

魏，钟会母张昌蒲，平时与人言，虽鄙贱必以信。妊会时，妾孙氏妒甚，置毒食中。张觉而吐食，瞑眩数日。或劝诉之。张曰：『嫡、庶相害，破家危国。倘不见信，谁能明之？彼谓我必诉，固将先我，事由彼发，顾不快耶！』遂称疾。孙果谓会父曰：『妾欲其得男，故饮以药。反谓毒之。』会父曰：『暗置食中，非人情也。』讯侍者具服，遂出孙氏。

◇ **白 话**

三国时期，魏国钟会的母亲叫张昌蒲，是个忠信之人。即使平时对下人们说话，张昌蒲也一定是很讲信用的。当她怀着钟会的时候，钟会父亲的小老婆孙氏对她妒忌得很，就在她的食物中投了毒。张氏吃了一口，发觉了，就把吃下去的食物吐出，虽然没被毒死，但头晕了好几日。有人劝张氏把这事告诉给丈夫，张氏却说："大老婆和小老婆相互侵害，往往破坏了家庭团结，也危害了国家。如果我去告诉丈夫，万一他不相信，又有谁能替我申明真相呢？孙氏一定以为我会去告状，因为惧怕，她会恶人先告的，这事本是由她引发的，我心里很坦然，我不会再追究了，当然心里肯定有点不痛快。"张昌蒲于是假称生病歇着。小老婆孙氏果然就先去对钟会父亲告状了，她说："我希望张氏能生个男孩，就给她药喝，没想她反倒说我用毒药毒她。"钟会父亲暗自揣摩："孙氏要把药给张氏喝，却要偷偷把药放在食物中，这并不合常情呀。”就叫来底下人询问，一了解，弄清了真相，就把孙氏给休掉了。

张氏被毒，出言犹慎。平时与人，虽贱必信。

◇ **原 文**

宋，张杨氏率女赴婚会，其典库雍乙从行。乙先归，死于库。提刑疑杨有私，严刑鞫治，终不服。女谓母曰：『母以清洁闻，奈何受此污辱？宁死棰楚，不可自诬。女今死，将诉冤于天。』遂号哭死。地大震三日，天雨雪。勘官疑焉。祷于神，梦有猿坠前，因执馈食者袁大讯之。曰：『适盗库金，会乙归，惧泄，遂杀之。』官乃赦杨而旌其门。

◇ **白 话**

宋朝时，张杨氏带着女儿去别人家吃喜酒，她家里有一个人叫雍乙，是管库房的，也跟着去了。晚上，雍乙先回到家里，却莫名其妙就死在了库房里。司法官怀疑杨氏和别人有私情，刚好被雍乙撞到，所以是张杨氏乘机把雍乙给害死。这个推理看起来合情合理，于是司法官就用了严厉的刑罚来审问张杨氏，可张杨氏始终不招认。张杨氏的女儿对母亲说：“母亲您一贯以清白著称，哪里能受得了这样的污辱呢？我们宁可死在官府的刑具下面，也不要因受不了痛苦就屈打承招呀，女儿我主意已决，现在就替你到天上去诉您的冤情吧。”说完就号哭起来，竟痛哭至死。随后，那个地方突然地震了三天，还是六月天，天上竟落起了雪花。审判官因为这些蹊跷事起了疑心，就去神灵面前祷告。夜里，他梦见有只猿猴跌倒在自己面前。醒来后，他琢磨着这桩案子，心想莫不是神灵来告知，那凶手是个姓“袁”的人？于是就把张家来送牢饭的袁大抓起来审问。袁大招认说：“那天我正在偷库房里的银子，正好雍乙回来了，我怕他告发，就把他杀了。”凶手抓到了，审判官把张杨氏放了出去，并且旌表了她家。

张女诀母，不可自诬。天地震动，得免无辜。

冬梅践言

◇ **原 文**

明，许世达婢冬梅，年十三。世达殁，子植未周。其妻病笃，曰：『吾夫妇仅此儿，无可托，奈何？』冬梅泣曰：『万一不幸，婢愿留抚不嫁。』妻卒。冬梅含哺鞠植。家人利其资，欲嫁冬梅而杀植。冬梅请与植偕，乃登舆，途经汪家，绐舁者向索寄饰。下舆，入诉于汪，汪乃留于家，而让迫嫁者，及植长，为娶妇育子。寿至八十二，以处子终。

◇ **白 话**

明朝时候，许世达有个丫环叫冬梅，十三岁。许世达死时，他的儿子许植还没满周岁。真是祸不单行，许世达的妻子这时也病得很重。她对冬梅说：“我们夫妇俩只有这一个儿子，没有别的人可以托付，这可怎么办呢？”冬梅哭着回答说：“万一您也有个三长两短，奴婢情愿留下来抚养孩子，永不嫁人。”许妻死后，冬梅就用心喂养、抚育着许植。族里的人贪图许植的财产，想把冬梅嫁出去再把许植给杀了。情急之下，冬梅假装同意嫁人去，但要求要带上许植。上了轿，路过一个姓汪的人家，冬梅就骗抬轿的人说，她从前在这户人家寄存了几件首饰，现在要去讨回，于是下了轿，进门去向姓汪的人申诉。姓汪的人正好是个有正义感的人，就把她留在家里避祸，又去责备那些逼她出嫁的人，此事得以张扬出去了，那些族人也就不敢再觊觎许家的财产了。后来等小主人许植长大后，冬梅又张罗着给他娶回了媳妇，并养儿育女。这个有信诺的丫环冬梅活到了八十二岁，至死未嫁。

冬梅受托，偕植登舆。诉于主友，汪宅同居。

◇原文

明，泾阳王生妻陈氏，有子方晬，生病笃将死，以遗孩嘱陈氏。陈氏曰：『吾当生死以之。』流贼至，陈氏抱子避楼上。贼焚楼，陈氏从楼檐跃下，不得死。贼以其美丽，挟之马上。陈氏跃身坠地者再。最后以索缚之。行数里，陈氏力断所系索，并鞍坠焉。贼知不可夺，乃杀之。贼退，家人收其尸，子呱呱怀中，两手犹坚抱如故。

◇白话

明朝时候，泾阳有个姓王的书生，他的妻子陈氏生了个儿子，儿子刚满一岁，姓王的书生就病重死了。临终前，他把孩子嘱托给陈氏。陈氏哭着说：“你就放心地去吧，就是死，我也会竭尽全力来保护他的。”果然，过了一些时，造反的流寇来了，陈氏抱着儿子躲在楼上。流寇放火烧楼，陈氏从楼檐上跳下来，但没有摔死。流寇因为陈氏长得好看，就把她挟持到马背上，陈氏一而再、再而三地从马背上跳下地。流寇没办法，只好用绳子把她绑在马背上。这样走出去几里路，陈氏还是奋力挣断绑在身上的绳子，连同马鞍一起跌到了地上。流寇实在拿陈氏没办法了，就把她杀了。流寇退走以后，家里人去收殓陈氏的尸首，结果发现孩子还在她怀里呱呱地哭，而陈氏的双手依然紧紧地抱着他。陈氏用死保全了儿子的生命，也履行了当初自己对丈夫的承诺，真是个信义之人啊。

陈氏一语，生死以之。其身被杀，子尚抱持。